三月鱼 著

我不怕成为一个拼命的姑娘

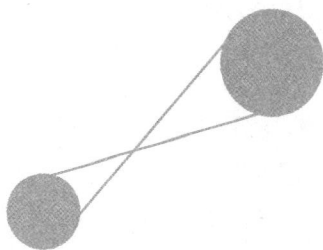

天津出版传媒集团

天津人民出版社

图书在版编目（CIP）数据

我不怕成为一个拼命的姑娘 / 三月鱼著 . -- 天津：
天津人民出版社，2020.3
ISBN 978-7-201-15835-8

Ⅰ . ①我… Ⅱ . ①三… Ⅲ . ①成功心理－通俗读物
Ⅳ . ① B848.4-49

中国版本图书馆 CIP 数据核字（2020）第 036528 号

我不怕成为一个拼命的姑娘
WO BUPA CHENGWEI YIGE PINMING DE GUNIANG

出　　版	天津人民出版社
出 版 人	刘　庆
地　　址	天津市和平区西康路 35 号康岳大厦
邮政编码	300051
邮购电话	（022）23332469
网　　址	http://www.tjrmcbs.com
电子邮箱	reader@tjrmcbs.com

责任编辑	陈　烨
出版策划	春风化雨
策划编辑	王敬波
装帧设计	仙境设计室

制版印刷	北京柯蓝博泰印务有限公司
经　　销	新华书店
开　　本	880 毫米 ×1230 毫米　　1/32
印　　张	9.5
字　　数	220 千字
版次印次	2020 年 3 月第 1 版　　2020 年 3 月第 1 次印刷
定　　价	39.80 元

目录

contents

Part 4　爱和被爱的底气

Part 5　在时光里打磨闪烁的人生

Part

1

你最大的贵人，是努力的

自己

别着急，好运正在路上呢，它没有来，说明你努力的程度还不够。再继续努力一点点，再坚持一下下，好运一定会来的。

要坚信，无论我们身在哪里，在做什么，都要非常努力，要非常坚定。这样的话，总有一天，你所付出的努力，都会变成好运！

你最大的贵人，
是努力的自己

1

昨天我收到了两个写作班学员私下发给我的感谢信。

我先来说说这两个学员的故事吧。

学员小容，生活在一个小镇上，目前她在镇上的一家工厂上班。

小容的经历比较坎坷，她从 12 岁就开始自己养活自己了。她压根儿就没上过几天学，但她天生嗜书如命，只要是能逮着的书，她就绝不会放过。

因为爱看书，她的知识储备量也比较丰富，所以进了镇上这家还算不错的企业。领导说她的工作能力甚至超过了很多大学毕业生，这应该也是对她最好的肯定吧。

小容是去年参加我们的写作班的。现在她不仅早就通过写作赚回了稿费，也让自己过上了以前想都不敢想的日子。

因为写作，小容有了机会和作协的人一起开会、学习。她还因为一篇一等奖的散文，结识了电视台的编辑、主持人。

现在她是她所在的公司最有名气的才女。那种感觉特别爽，被人敬重和仰视。

而一年之前，她还是个连文档是什么都不知道的农妇，就连电脑操作都不会。现在她不仅精通这些，还学会了找素材。在很多学员忧愁自己写不出来文章的时候，她却在忧愁自己不会用文档，打字速度慢，不会发邮件。

但是她很爱学习，通过群里学员们的聊天记录，她就学会了很多自己不知道的东西，有些内容甚至被她转化成了写作素材。

小容说："在我们的写作班里，大概没有谁比我的起点更低了，能走到现在，我很感恩我们团队的几位老师，他们绝对是我人生中的贵人。"

2

再来说说学员青青的故事。

青青昨天告诉我的喜讯是，她被一个公众号的编辑约稿写连载故事了，并且她的大纲已经通过了。

她感谢我介绍编辑给她认识，说我是她的贵人，还说是我一直督促她写，才有了今天的她。

在参加我们的写作班之前，青青患抑郁症六年。而进入我们写作班的时候，是她抑郁症的顶峰。那时候，她满脑子想的都是怎么解脱，怎么带着自己的两个女儿一起离开这个世界。并且那时候她的婚姻也正处于危机时期。

但是她看到了我们的写作班，年少时候的梦想以及对金钱的渴望，让她决定参加。

只是她连几百块钱的报名费都没有，因为她自己全职带娃多年，老公生意失败，欠了很多债，并且两个孩子经常生病，她恨不得把一分钱掰成好几瓣儿来花。

但是贫穷也抵挡不住她想要学习的心，她想了个办法，从每个月的生活费里节省几十块钱出来，后来总算凑够了学费。

上过系统的课程之后，她在半个月的时间里写了 14 个故事，通过 13 篇稿子，一下子"开挂"了。这 13 篇稿子，让她赚了 2000 多块的稿费。稿费有了，她的生活也渐渐宽裕起来。

青青平时比较忙，带着两个娃，还要做家务。她写作都是在白天做家务的时候，想到点子就记录下来，晚上抽空写，基本每天晚上都要熬到凌晨三四点。

但是有了稿费，就有了动力。不断地写，青青的抑郁症也减轻了，她从一个被老公嫌弃的吃闲饭的妈妈，转变成得到了老公的认可和尊重的独立女性。

现在她的稿约多得写不完，有时候我找她约稿还得靠边站，因为她的时间不够用。

3

小容和青青在感谢我的时候，都不约而同地提到我是她们的贵人。说是我和我的团队教会了她们写作的技巧，是我给了她们很多机会。

其实，我想对她们说，她们最大的贵人是努力的自己。

纵观小容和青青的经历，她们都是有了"写作"这个目标，然后去上课。她们都有一股韧劲儿，咬定目标不放松，所以才成就了更好的自己。

如果说谁对她们的帮助更大，肯定是她们自己。如果她们自己不努力，别人是没法儿注意到她们的，更不会给她们更多的机会。

正是因为她们努力，努力地写，努力地让自己变得更好，才会得到我们的关注和认可，才为自己争取到了更多的机会。

曾经看到过一句话：努力的意义在于，为了自己，先成为自己的贵人。我们每个人都可以成为自己的贵人，也可以成为自己的累赘，就看你怎么选择。

4

写完小容和青青的故事，我又想起了一个小学妹，她叫糖糖。

糖糖就像是她的名字一样甜蜜，她是小我一级的学妹，我们在大学的时候因为工作结识。

两个傻姑娘，那时候都天真快乐，也很投缘。所以这么多年过去了，我和很多大学同学都失去了联系，唯独这位小学妹，我们还保持着不错的关系，偶尔也会聚聚。

之所以要写糖糖，是因为上个月她告诉我她升职了，年薪 60 万，这个数目对于她来说不算少了。我也只有羡慕的份儿。

糖糖大学刚毕业就结婚了，因为那时候她意外怀孕了。别人毕业都去工作，而糖糖却在养胎。等她重回职场的时候，她已经大学毕业四年了，这四年她都没有上过班。

进入职场的时候，糖糖已经 27 岁了。27 岁，3 岁孩子的妈妈，却没有任何的工作经验。找工作的艰难可想而知。糖糖也很后悔把最好的年华用来生娃、养娃了。

刚开始上班，糖糖做的是秘书里面最低级的，给人端茶送水、打印文件。那时候她连运用文档都不熟练。

因为这个，她的女经理没少敲打她。有一次，糖糖把一份文件弄错了，女经理甚至批评了她半小时。虽然觉得经理有点儿小题大做，她很委屈，但她还是忍了。

好在糖糖肯学习，后来她对工作越来越认真。经理面对她的时候，虽然没有笑容，但是不再批评，并且糖糖的工资每年都在涨。

后来经理的首席秘书回去休产假，经理就让糖糖暂时替代她的职位。没有想到，在巨大的压力下，糖糖竟然做得很好。这位女经理，在公司是有名的严格和挑剔。也可能是跟在她身边的时间久了，糖糖也没有像刚开始那样惧怕她，反而工作起来如鱼得水。

经理最终认可了她的能力，让她一直跟在身边。

5

熬了这么几年，女经理全家要移民去国外。临走之前，她向老总推荐了糖糖，让糖糖坐上了她的位置。

虽然糖糖也很忐忑，但是女经理在临走之前对她说："你是我一手带出来的，虽然刚来的时候什么都不会，但是现在你的工作能力足以胜任这个职位，所以不要担心，我相信你会比我做得更好。"

升职后的糖糖，对我感慨女经理绝对是她人生中的贵人。

我笑着说："你应该感谢你自己。这些年，别人不知道，我知道你很努力！你加过的班，熬过的夜，为工作付出的种种努力，成就了今日的你！所以你要先感谢你自己！当然经理对你严格要求，也是一方面。重点是你自己。如果你不努力，不去学习，谁也拯救不了你，别人给你再多机会也没有用啊。"

糖糖听完后，没作声，但是我知道我说到她心坎儿里去了。

曾经看到过一句话：这世上，很多人都在寻找自己的贵人，却唯独忽略了自己。我们总是抱怨上帝关上的那扇门，却忘记了自己可以推开一扇窗。

而小容、青青和糖糖，她们都是那个推开一扇窗的人。这扇窗，让她们看到了更美丽的风景，成就了更好的自己。

所以努力的她们，才是自己最好的贵人！

懂得休息的女人，
才更懂生活

这也是休息的一种方式

我是个急性子的人，想做什么事情，恨不得一下子就完成。

那时候的自己，就像是一根上紧了弦的发条，拼命地转动，拼命地逼迫自己往前走。

表面上看起来，这样的我很努力，很拼命。但是其实很多时候，工作效率并不高。比如说，为了赶工，我晚睡，第二天工作效率就会大打折扣。

我知道这样不好，但是性子难改。

所以我一直很羡慕我的好友小薇。

在我眼里，小薇绝对是"女神"级别的。同样人到中年，她学陶艺，学画画儿，学烘焙，学古筝，学插花，学织毛衣，学磨咖啡……

每个周末的早晨，我都起床比较晚。刷朋友圈总是毫无意外地看见小薇的精致生活，不是烤了蛋糕，就是做了三明治，然后配上她和老公的咖啡、儿子的牛奶，桌面上处处透露出一种岁月静好的味道。

我为什么羡慕小薇呢？因为身为企业高管的她，工作并不比我清闲，相反，很多时候她比我更忙，需要到处飞。

上周，我实在忍不住问小薇："女强人，我好羡慕你啊，你的时间是哪里来的啊？为什么我每天感觉时间都不够用？"

结果，小薇给了我一个很意外的答案："傻鱼，你看到的只是表象，其实这也是我休息的一种方式啊。我学各种东西，给家人做早餐，都是为了休息。不然的话，我就被工作绑架了。休息好了，我才能更好地工作啊。"

好吧，原来这样也是一种休息，我以前总以为，只有躺在床上睡觉才是休息。当然那也是休息的一种方式，只是除了睡觉，每个人都有不同的休息方式。

想想我身边的那些会休息的女人们，无一不是像小薇这样的智慧型的。

懂得休息，才能更好地工作

有句话说：休息与工作同等重要，高效率的人通常也是最会休息的人。

这个世界上，不乏很多看起来很努力、很用功的人。但是很多时候，他们并没有在用心工作。不是东瞧瞧西看看，就是逛逛淘宝，刷刷网页，要么就是吃点儿东西，喝点儿水，东拖西拉的。

结果等到下班了，才发现这一天很多工作都没有做完。没有做完，就要加班做。于是拖拖拉拉地加班，忙完都晚上 10 点或者 11 点了。然后发个朋友圈说，今天自己好努力，明天继续。

这样的人，其实是做不好工作的。反而耽误了自己的休息时间。

懂得休息的人，工作的时候，必定是全力以赴的。他们会给自己制订计划，严格按照计划执行。即使偶尔有一些意外来临，他们也能及时地做出调整。

工作的时候效率高，他们就能准时下班，去做更多自己想做的事情，去学习新东西。只有这样，他们才不会被时代淘汰。

懂得休息，会更自律

高度自律的生活，其实也需要留白，需要好好休息。

自律是一种很好的生活方式，它有助于我们成功，有助于我们时刻保持向上的姿态。但是自律和休息是相辅相成的。

纵观我们身边那些懂得休息的人，肯定是极度自律的。

因为只有自律，我们才能按时完成自己的计划，才会达成一个个小目标，生活才有动力。

而在我们达成一个新的目标之后，就需要稍作整顿，然后再全力以赴。这种整顿，就是休息。

只有这样，我们在自我约束下，才能不断地攀登一座座高峰，成就更好的自己。

所以自律和会休息，不是自相矛盾的，相反，它们还是互相促进的。

懂得休息，也是爱自己的一种方式

爱自己的方式有很多，当然，休息也是其中的一种。

一个人不懂得休息，就是不会爱自己。

白居易曾作《闲眠》诗："暖床斜卧日曛腰，一觉闲眠百病销。"这句古诗，充分说明了休息对身体健康的重要性。只有身体健康，我们才能做更多喜欢的事情，才能更好地爱自己。

有句话说：我们的人生就像一根琴弦。太松了，弹不出优美的乐曲；太紧了，琴弦容易崩断；只有松紧合适，才能弹奏出舒缓优雅的乐章。

只有好好休息，懂得宠爱自己，给自己的心灵以滋养，我们才能不断地完善自我。

懂得休息，才能更好地享受生活

陶渊明说："勤靡余劳，心有常闲。"

对于现在的我们来说，要做到"心有常闲"是很难的。但是"心有常闲"也代表着生活中最好的状态。

只有懂得休息，心灵才能处于一种满足和闲适的状态。

当然，休息并不是在沙滩上晒太阳，也不是一直看电视和小说，更不是赖床。对于很多人来说，他们平时忙工作，可能做饭、烘焙、给花浇水，甚至手洗衣服，都是休息。

这样的休息，夹杂着生活的气息，也是很家常的一种方式。所以就显得很自然。

喜欢一件事情，并为之去付出的时候，我们不会觉得辛苦，反而觉得是享受，是休息。

其实，生活并不仅仅是工作，除了工作，还有更多重要的事情。

朱光潜老先生说过："越聪明的人，越懂得休息。走久了不歇，必定越走越慢，以致完全走不动。"

我们想要走得更远，想要更好地生活，那么学会休息是必然的。

只是休息的方式有很多种，我们每个人都可以选择适合自己的方式。

让自己暂时停下来，不让自己时刻处于胶着的状态，反而能够让我们更好地品尝生活的滋味。

　　只有给自己的身体和心灵充足的养分，充足的休息，它们才能配合我们去做成更多有意义的事情，我们的生命才更有深度。

这个世界正在狠狠奖励
那些用心打磨自己的人

1

看到一篇特别好的文章，打算转载，让助理去申请白名单。

助理看了之后对我说："鱼姐，我发现她真的写得很好。"

我说："那当然，我发现这个很牛的大V一直是在用灵魂码字。"

虽然说很多公众号大V都不错，但是很多人似乎都到了瓶颈期，输出的文字已经没有惊艳感。我常看的这家，号主依然在不断地创造爆款。并且她的文章，透露出来的她的认知和格局，很少有人能比。

这个号主的文章，十几年前，我在纸媒经常看到。并且那时候她就出书，是很牛的写手。新媒体时代，她经营公众号，依然写得非常好。

并且通过她的文章，你就发现她看过很多人。她是真的在用心打磨自己，在潜心修炼，而并没有被繁华的世界，以及各种商业广告遮住眼，所以我们才能一直看到那么好的文章。

我感慨完，助理说："我感觉时代一直不会抛弃这样的人，还是要沉下心来做事，才能走得更远。"

在"写作"这条路上，从来就没有捷径可以走。如果想要你的文章更有深度，或者具有持续的输出能力，最重要的还是要潜心修炼自己。

当你的修炼到了一定的程度，你的文字才会大气，有深度，有宽度，才能好看。

毕竟文章里面藏着一个作者的见识和格局。

写作如此，做其他事情也如此。这个世界，从来都在悄悄奖励那些用心打磨自己的人。

2

想起之前看到过我的闺蜜小薇在朋友圈发过的一段话：年纪越大，越是知道当个手艺人的好，只要用心打磨自己，做好分内事，无须讨好，无须谄媚，无须看人脸色。

这段话的配图是小薇做的各种生日蛋糕，还有面包、点心，每一张图片都那么赏心悦目，让人流口水。可是这背后却是小薇这四年，一直在用心雕刻自己。

当初小薇放弃部门经理的职位，回去带孩子，她的家人都是反对的。

毕竟她熬了十来年，才有了现在的职位，放弃真的很可惜。

但是小薇表示自己很累，她是真的想要好好休息，想要做点儿其他的。就在带娃的过程中，为了给孩子做营养美味的食物，她爱上了烘焙。

自己在家练习还不够，她专门去学习了烘焙，还学习了裱花。技艺深厚之后，她又在朋友的鼓动下，开通了线上定制生日蛋糕的业务。

虽然有时候一个晚上要做好几个蛋糕，但是每当看到自己的作品出炉，她的内心都是喜悦的。并且与蛋糕打交道，不像是与人打交道，你用心去做了，做出来的蛋糕，肯定更可口。

小薇告诉我，每次看到有新的品种出来，她都会及时去学习，一个好的蛋糕师，必须不断地打磨自己的手艺。

因为小薇的口碑很好，加上她自己也有孩子，在很多朋友的建议下，她专门开了工作室。平时工作室是她一个人的场地。周末，她在这里教孩子们烘焙。

3

前年中秋小薇给我寄了两盒她亲手做的月饼，真的很好吃。去年中秋的时候，她告诉我，很抱歉，这个中秋她前前后后忙了一个多月，但是月饼都被人定光了，她想偷偷给我留一盒，最后还是被人买走了。不过她承诺，今年中秋之前，一定先给我做两盒月饼，早早地给我寄来。

小薇的口碑，都是她一点点做出来的。很多人吃了她做的蛋糕和小点心，就爱上了。但是她一直在用心修炼自己，她总是告诉我，自己做得还不够好，还得更用心学习，才能不辜负那么多人的期待。

现在她每周五集中做一次西点，都是别人提前预订的，平时就接接生日蛋糕的散单。一到节假日，她必然是要休息，陪伴孩子。她真的是过上了岁月静好的日子，并且凭借能力，开辟出了一条新路。

别人看到的是她的风光，但是我明白小薇能做到现在，完全是因为她的匠心，是因为她一直在用心打磨自己。

事实上，我们每个人都是磨刀人，都在岁月的长河里打磨着自己。刀柄就在我们手中，只有用心和勤奋，我们才能光芒四射。

4

认识一个文字很有灵气的朋友。当年我还是一个写作的小菜鸟，她的文章已经见诸各种报纸杂志，每个月靠稿费都能过得很滋润。

不知道我有多羡慕她，那时候的我目标就是以后要向她那样，靠写作养活自己。

但是后来，我生孩子养孩子，有一年多，写的文章并不多。和她也就此失去了联系，据说她也去结婚生子了。

直到去年，她关注我的公众号，给我留言，我们才辗转联系上。我才知道她已经放弃写作很多年了，现在想要捡起来，但是感觉自己又写不来新媒体文章。她很苦闷，也很懊恼，说早知道这样，她就会一直坚持写下去的。

可是这世界上从来没有早知道，哪怕一个人有灵气和才华，但是如果没有潜心修炼，终究有一天，光芒会渐渐暗淡。

我有点儿替这位朋友惋惜。

一个人有没有用心，有没有专心修炼，岁月都会告诉你答案。

这个世界确实是浮躁的，但是这个世界同样也深爱那些用心打磨自己的人。

对于一个人来说，真正的安宁来自沉静自足的专注。只有远离浮躁，用心打磨自己，自我的造诣才能流深。

我们每个人最好的拥有，莫过于静水流深。只有以静水流深之心与这个世界相处，潜心修炼，才能于清静中欢喜自生。

懂得富养自己的女人，
才是人生最大的赢家

1

菲菲今年 30 岁，当全职妈妈三年，生活在一个十八线小县城。

菲菲结婚之前，双方父母一起掏钱给他们在县城付了一套房子的首付，每个月需要还 1000 块房贷。

原本菲菲在一家商场当售货员，每个月有 2000 块钱的收入，但是有了孩子之后，婆婆身体不好，不愿意来城里帮他们带孩子，自己妈妈要帮哥哥带孩子，所以菲菲只能辞职带孩子。

菲菲的老公是公务员，收入比较稳定，就是不太高，一个月能拿到手的也就是 4000 出头。还完房贷，也就剩下 3000 块钱。3000 块钱，要管一家人的生活、孩子的教育，还要尽量存点儿钱。

想着自己不挣钱，老公的收入也不是太多，自从当全职妈妈之后，菲菲很久都舍不得给自己买一件新衣服，甚至给自己买的睡衣和鞋子都是地摊货。没有结婚前，她用的化妆品好歹都是品牌货，现在也是怎么便宜怎么来。

而菲菲对老公和孩子却很大方，她想着老公需要工作，所以给他买的衣服都是名牌的，总是在力所能及的范围内给他买最好的。男人嘛，都好面子。

孩子的各种培训班，菲菲也舍得花钱。

唯独对自己很小气，她想着自己在家也不用工作，穿那么好看给谁看。有了这种想法，菲菲尽量在自己身上省钱。

但是她的省钱，换来的不是老公的赞赏和肯定，反而是嫌弃。

2

前段时间，老公单位有同事结婚。

那个同事和他们关系不错，还专门把请柬送到菲菲家里，邀请他们夫妻一起去。

结果他们举办婚礼的当天，菲菲打扮好，准备和她老公一起出门。老公却嫌弃地对她说："你去干什么？就你穿成这样出去，我都不好意思。"

老公的话，像是冬天的寒冰，让菲菲感到透心凉。本来她是兴冲冲地准备出门的，老公这么一说，她气得不行。

也可能是压抑了太久，菲菲冲老公吼道："你嫌弃我？我这是为了谁？我还不是为了这个家，能省就省，我有错吗？你以为我不想穿得好看点儿啊？但是你有钱吗？"

越说，菲菲越气，最后，她甚至痛哭了起来。而她老公并没有安慰她，反而带着孩子去参加婚礼了。

菲菲越想越失望，自己这样辛苦地付出，精打细算，最后却被自己的男人这样瞧不起。

怪不得平时出门，以前老公还愿意牵着她的手，现在则是宁愿走在她后面。见到熟人，他也不愿意介绍她了。

原来他是这么看她的，她这么让他丢脸。

说到最后，菲菲问我："胖鱼，你说我是不是做错了？可是我要是不节俭，就他那点儿工资，怎么够花？"

说到底，菲菲还是在想着她老公，想着这个家，却从来没有考虑过自己。

想起女作家苏芩的一句话："女人就是要富养自己。你身上所有的焦虑和戾气，都是亏待出来的。"

菲菲最大的问题，就是不懂得富养自己。

3

可能站在菲菲的角度来说，她作为家庭主妇，没有工作，不赚钱，所以处处对自己苛待。她觉得这样的方式，就是她能想到的和做到的对这个家庭好的方式，对老公好的方式。

可是她却忘记了，其实她和老公只是分工不同。她老公的收入，应该是他们的家庭总收入，菲菲有足够的权利支配的。

她可以在自己力所能及的范围内给自己最好的。而不是拼命地给了老公、孩子最好的，却亏待了自己。否则，到头来，老公不仅不理解她，反而伤她的心。

菲菲只是很多家庭主妇的一个缩影。我知道，很多女人，尤其是全职妈妈，都会有菲菲这样的想法。

但是长久地这么亏待自己，你不但不是这个家的功臣，还会被老公嫌弃，对夫妻感情来说，没有什么好处。

而真正聪明的女人，懂得在力所能及的范围内富养自己，好好爱自己，让自己光鲜亮丽，对得起自己。

4

我的好友琴琴就是一个懂得富养自己的女人。

琴琴的老公收入不算是太高，每个月除去生活开支、房贷、孩子的教育费用，其实所剩下的钱并不是太多。

但是在我们看来，她却是过得很滋润的那种。

想起我们一起当全职主妇的那一年多，我也像菲菲那样处处节省，恨不得能多省点儿钱。

但是琴琴却不，她不是周末去看电影，就是和老公、孩子去郊游和吃大餐，偶尔还会自己出门来个周边城市一日游，好不惬意。

我总是默默地计算口袋里的钱，不敢多花一分，更不敢乱花。毕竟孩子的尿不湿、奶粉，处处都要花钱的。

有一次，琴琴拉我去逛街，一个品牌的衣服在打折。她兴致勃勃地试穿，还拉着我一起。我想着自己也不会买，兴趣寥寥。

琴琴劝我说："这件衣服，是个大品牌，虽然可能有点儿过季，但是才 100 多块钱，在我们的能力承受范围内啊。最重要的是衣服的质感不错，穿着自己也舒服，多好。"

听她这么一说，我就心动了，也不纠结了。

5

和琴琴相处久了，我就知道她是一个特别懂生活，懂得富养自己的女人。比如说，周末的时候，她会让老公带孩子，自己花几十块钱去参加郊区一日游的旅游团。要么就是趁着团购的时候，去上短期花艺班的课程或者烘焙的课程。

她还趁着女王节的活动，给自己办了美容卡。而我却又在纠结要好多钱，但是琴琴却说，女人就是要对自己好点儿，不然变成黄脸婆，老公和家庭都不保了，你还为谁节省啊。并且这笔钱一下子拿出来，看起来有点儿多，但是平均到每个月，也就是几百块钱，完全是可以承受的啊。

我想了想，确实是的，所以也毫不犹豫地办了。没办法，有这么一个懂得富养自己的女性朋友，连带着我也跟着沾光了。

在我看来，琴琴就像是一棵青葱翠绿的植物，活得生机勃勃的。哪怕她现在已经当全职主妇五年多了，她依然青春美丽，娇艳盛开，并没有枯萎，而她老公依然把她当小公主一样宠爱。

说到底，一个懂得富养自己的女人，必然是乐观豁达的。她们懂得爱自己，懂得在力所能及的范围内给自己最好的物质和精神供养，让自己舒服。所以，她们能将女人的美展现到极致。

这样的女人，也是一个家庭的福气，也是男人的幸运星。

所以，女人，从现在开始，好好爱自己吧。只有你先爱上自己，对自己好，才能活得高级，优雅到老！

你有多努力，
就有多好运

1

自从知道我做写作培训之后，很多读者都会加我为好友，向我咨询和写作相关的一些问题。

前两天，一个全职妈妈问我："我能写作吗？"因为她只有高中学历，没有上过大学，她怕自己写不好。

我说不怕你写不好，关键是你现在愿不愿意开始去学习着来写，谁都是从不会到会的。

和她聊了很久，她还在犹豫，于是我告诉她，我们很多学员，其实只有初中、高中学历，甚至有不少小学毕业的或者没有毕业的，关键是你想做这个事情的决心有多大。比如说，上个月，我们有个学员赚了9000多稿费，妥妥的上稿"大神"。她高中也没有毕业，一样写得非常好。

但是这个宝妈听了之后，沉默了一会儿说："她是不是运气特别好？

怎么一个月赚那么多稿费啊！我以前上班，一个月也就 4000 多块钱。"

我说："不是运气好，而是她特别努力。最后这位想要改变自己的宝妈依然在纠结，怕自己学不好。"

我再说说这个叫大妞的学员的故事吧。

2

大妞高二的时候，因为一场家庭变故辍学，然后进了一家幼儿园当小班老师。那时候她才 19 岁。

大妞 23 岁结婚之后，成了一个全职妈妈。她非常想改变自己，但是却找不到出路。后来她抱着试试的态度，参加了我们的写作班。没想到，却迎来了她的"柳暗花明又一村"。

大妞的起点不算高，但是她会把课程反复地去听，仔细地去揣摩。她要带孩子还要做家务，还有兼职，所以她都是抽时间或者说挤出时间来听课的。

刚开始投稿的时候，她也是一直上不了稿子，但是她知道研究平台的调性。每天抽空看那个平台的文章，分析他们的风格。有好多大平台，就是这么被她一点点攻下来的。

刚开始的时候，她每个月上稿也就是两三篇，后来慢慢增加到上稿五六篇，一直到现在的每个月上稿20多篇。而稿费也从刚开始的几百块钱，到现在各个平台争着找她约稿，月稿费记录破万。真正实现了财务自由。

而这份自由的背后，就是努力。

3

大妞家有两个孩子，都不大。每天晚上她把两个孩子哄睡之后，已经10点了。然后她就起床写文章，并且她写的主要是故事，一篇故事，最少也有3000字，多的甚至有五六千字。

但是不管多少字，她都关掉手机和网络，逼迫自己在两小时之内写完。写完，一分钟也不耽搁，立马上床睡觉。

第二天早晨，她准时五点半起床，用一个小时的时间，把前一天晚上写的文章修改好，然后去叫孩子起床上学，这样她的一天才是真正开始了。

所以大妞根本就不是好运，她只是非常努力。如果不是她的努力，她出不了这么多的成绩。著名导演李安曾经说过："人生不只是坐着等待，好运就会从天而降。就算命中注定，也要自己去把它找出来。努力与否，结果会很不一样的。在我过去的体验中，只要越努力，找到的东西就越好。"

所以我们与其羡慕别人的好运，期待自己的好运，不如默默地多去努力。这样的话，好运终有一天会光顾你！

4

我还认识一位全职妈妈，她也是我们的学员，今年28岁，而不久之前，她通过自己的努力考上了全职研究生。

我们叫这位学员小梦吧。

小梦25岁生娃，当全职妈妈，那时候她也非常迷茫。有时候想想，这么年轻，就要围着孩子转。她都觉得很沮丧。

但是她实在不知道自己的未来在哪里。直到有一天，她的闺蜜告诉她，自己工作三年多后，又考上了研究生，终于可以回归校园了。

小梦想，也许自己也可以。

以前读大学的时候，浪费了很多好时光，但是有了孩子，当了妈妈之后，对很多事情的看法发生了改变。小梦明白，学习才是不变的真理。

所以她给自己定了个目标，争取在孩子上学之前考上研究生。这样的话，她可以一边接送孩子，一边上学。

老公得知小梦的计划，也很支持她，所以周末主动带孩子，让她学习。

平时老公上班非常忙，小梦只能趁着孩子晚上睡觉后去学习。她要捡起来的不仅有专业课，还有本来她就不是太擅长的英语。

每天早晨，她都 6 点起床，赶在老公上班之前背诵一个小时的英语单词。因为这个时间段，老公可以陪着孩子睡，她不用担心孩子的安全。

第一年，小梦没有考上，因为专业课没有过线。但是看着自己考出来的分数，小梦还是挺满意的。毕竟她是带着孩子学习的。

有了这个良好的开端，第二年，小梦更加努力。做饭、做家务的时候，她不是在听英语，就是在听专业课的讲解。甚至有时候，她还带着孩子和自己一起学习单词。

家里的墙上，她专门开辟出来一块学习园地，用来列自己每天的学习计划。就连逐渐长大的孩子，都知道妈妈在学习，他也要学习。

第二年，小梦以笔试和面试第三名的成绩考上了。就连导师都对她这个全职妈妈非常赞赏，认为她很不错。

当然，随着小梦的录取通知书下来，周围有不少人说她完全是因为运气好。只有小梦和她老公明白，她哪里是运气好，分明是她非常努力，所以才成就了最好的自己。

5

我们身边不乏这样的人，看到别人取得了好成绩就会感慨，那不过是他们运气好罢了。

可是世界上哪里有无缘无故的好运气？

一个人若是不努力，再多的好运气也难以向他聚拢。如果他非常努力，机遇一旦撞上了他的努力，那么好运就自然来了。

当然，有些人可能会说，我努力了啊，怎么还是没有好运？别着急，好运正在路上呢，它没有来，说明你努力的程度还不够。

再继续努力一点点，再坚持一下下，好运一定会来的。

要坚信，无论我们身在哪里，在做什么，都要非常努力，要非常坚定。这样的话，总有一天，你所付出的努力，都会变成好运！

懂得犒赏自己的女人，
都不会过得太差

1

忙完一天的工作，在回家的路上，收到好友璐璐的信息。

璐璐说："亲爱的，快帮我看看这几件旗袍哪件最适合我。"

我说："我好像记得你上个月才买完某品牌的羊绒大衣吧，怎么这个月就转性了，又变成旗袍了？"

璐璐回我一个笑脸说："我这不是马上又要开始一个新的项目了吗？这个项目时长两个月，我又要开始披荆斩棘、日夜颠倒了。所以我想给自己定个目标，要是这个项目我们能顺利完工，我就要买下这其中一件很贵的旗袍。"

我悄悄看了一下价格，确实很贵。旗袍一共三个颜色，想着肤白貌美的璐璐，我建议她尝试下蓝色斜襟的那件。

璐璐说，她也觉得那件更适合她。所以她要把图片保存下来，熬不下去的时候，就看看这件漂亮的昂贵的旗袍，然后继续奋斗。直到最后把它拿下。

想想璐璐那个努力上进的小模样，我竟有些羡慕。

璐璐虽然小我好几岁，但她是我的朋友当中最会犒赏自己的那个，所以无论任何时候见到她，她都像是一棵春天的树，给人生机勃勃的感觉。

结束和璐璐的聊天，我在心里盘点了一下，我认识的女性朋友中，那些懂得犒赏自己的人，无论在工作上，还是在生活上，都能处理得游刃有余，幸福感也比较强。

2

闺蜜小冉生完孩子后，胖了30多斤。

重回职场后，她发现身边的年轻同事每天都打扮得很美，而自己很多好看的衣服都穿不了。

就连招待客户，她这个胖子都被领导嫌弃，而且她自己也开始嫌弃自己了。

嫌弃自己，就要改变。于是小冉开始减肥。

有次小冉的女儿过生日，邀请我们一起去庆祝。面对甜美的生日蛋糕，还有丰盛的午餐和水果，我们都敞开肚皮吃。小冉却在啃黄瓜。

我让她稍微尝点儿蛋糕，她却不肯。她说："我给自己定了目标，这个月要是能瘦8斤，我就奖励自己去把美容院的年卡办了。只有这样，我才能激励自己管住嘴。"

去年年底，小冉已经成功地甩掉了30斤肉，变成了又瘦又美的辣妈，为了庆祝，她还专门请我们几个好友吃了大餐。

我问小冉是怎么坚持下来的。小冉说："我就是给自己定了很多小目标啊，比如说这10天，要是能减掉3斤，我就奖励自己一束花，有时候是给自己买点儿小饰品。贵的买不起，便宜的，自己喜欢的，还是可以满足的。"

是的，懂得犒赏自己的女人，都自律。只有自律，她们才能完成自己的小目标，进而再来犒赏自己。这样就形成了一个良性的循环，让自己有动力坚持下去。

而整个人的状态，因为良性循环，会变得越来越好。

3

我的前同事小楠，是个非常乐观的姑娘。不管是在办公室，还是和她一起出门，我见到的最多的就是她的笑容。

并且她是真的很开心，每天都像一只快乐的小鸟，充满了愉悦感。就连带和她坐同一个办公室的我，也常被她的好心情感染。

有一次单位组织旅游，在大巴车上，有同事对小楠说："我真的好羡慕你，每天都是那么乐观，那么开心。"

这次小楠没有笑，而是说：

"其实我也有不开心，也有生气的时候，但是每当这时候，我就对自己说，赶紧忘掉坏情绪。如果我做到了，我就奖励自己一颗糖。所以你看，我包里经常准备着糖。不过，上班之后，赚了钱，要是克服了自己的坏情绪，我就会奖励自己一顿好吃的。现在，我基本上很少生气或者发脾气了。以前我不是这样的，还是个小气鬼，所以同学们不大喜欢我。自从我开始转变之后，我身边的人都很喜欢我。"

其实日子本来就很苦，我们都很累，有时候也很疲倦，难免有坏心情，有情绪的低谷。如果想要让自己快点儿走出来，那么学会犒赏自己是一个不错的方法。

奖励自己是一件快乐的事儿。而这样的小奖励、小美好，就像是一缕清新的风，可以吹走人心头的阴霾和不快乐。

4

认识梅芳姐姐，是在心理培训的课程上。

梅芳姐姐大我 10 岁，是一家企业的管理层，有品有范儿，是我心底的"女神"。

之所以和梅芳姐姐熟悉，是因为我们都爱好写点儿东西，所以聊得很投机。

熟悉了之后，我才知道梅芳姐姐真的很厉害。她说，40 岁之后，孩子进入初中，不需要她太操心，所以她给自己定了目标，每年最少学会一样新东西。

在学心理学之前的一年，她学了半年的瑜伽，从开始的动作僵硬、伸展不开，到后来的灵活自如，所以她奖励了自己一架古筝。

为什么是古筝呢？因为梅芳姐姐一直喜欢听古筝，小的时候苦于没有条件去学。这次奖励自己，也是为了去学习。

所以她又用了半年，让自己学会弹古筝。

后来，她还学了插花，学了烘焙，学了画画儿。在学习的过程中，她也遇到过困难，也想过退缩，但是每次达成一个阶段性的小目标，她都会及时地奖励自己。

说完，她指着自己的耳朵说："你看这个珍珠耳钉，这个是我学会弹古筝之后奖励自己的。这条丝巾，是我学会插花之后奖励自己的。"

看着在我面前闪闪发光的梅芳姐姐，那一刻，我终于明白，她为什么在 40 岁之后进入了爆发期。

那是因为她懂得犒赏自己啊！她舍得给自己想要的东西，所以她才在这些小小奖励下，一步步完成自己的小目标，从而变成更好的自己。

5

前面我提到的璐璐，在工作的时候，确实是个十足的"拼命三娘"，这几年一直在升职加薪。

她还和朋友一起投资了一家蛋糕店，每年的分红也不错。

很多朋友都说是因为璐璐运气好，所以做什么都很顺利。

但是我却觉得是因为她懂得犒赏自己，才有力气在职场"冲锋陷阵"。正是因为不断地给自己奖励，她才敢闯敢做。

每次和璐璐聊天，我都觉得她浑身充满了正能量，或许正是因为如此，她才能吸引更好的事情到自己身边来吧。

只有被鼓励，被奖励，我们才有动力，才有信心去迎难而上。

所以有时候想要提高工作效率，想要自我成长，小小地犒赏一下自己，是必不可少的。

只要犒赏没有超出自己的能力范围，都是可以的。我们一定不要让自己过得太苦，如果对自己太吝啬了，什么都不满足自己，那活着还有什么动力呢？

所以我们要有一些小犒赏，来富养自己，来爱自己。只有这样，我们才会过得更好，才更容易获得他人的尊重和珍惜。

当你无可替代的时候，
你不需要稳定

1

以前的同事静姐，突然联系我，问我手里有没有资源，她想找一份新媒体方面的工作，但是面试了不少单位，别人都觉得她年纪大，有很多软件不会用。

所以哪怕她文字功底非常厉害，在竞争中，也一次次落败。

我问："你怎么这时候想着要换工作？以前你不是不打算离开的吗？"

静姐说："一言难尽，单位最近几年效益不好，现在突然说，打算裁掉我们这个部分，只留下几个盈利的部门。所以人事通知我们，让我们提前做准备。尽量在五月份之前，把工作找好。"

我听了一声叹息。

几年前，我们相继离开原单位，我几经辗转，转战到了新媒体。还有几个同事，有些改行去做了策划，有些去做了广告，有些去做了房地产文案。总之，大家各自精彩。

并且一起离职的好几个同事，在新单位早就升职加薪了，混得还不错。

记得我离开的时候，请静姐和几个同事一起吃饭。静姐说："真羡慕你们这些年轻人，说走就走，我就不行了。这个单位，目前福利还不错，还算稳定，我又要照顾孩子，所以就这么混着吧。"

其实静姐也就比我大 3 岁而已，哪里老。

但是那时候单位的效益不错，稳定倒是挺不错的。每个月都是一成不变的工作，不管好坏，工资都还算不错，结算也及时。

但是我们都没有想到，再怎么稳定的工作，也会有变化的一天。毕竟时代在变。

有变化就会有淘汰，就会有被取代。

我只能暗自庆幸，幸好自己没有在稳定的职位上一直混着。不然现在也和静姐一样吧。

2

不记得在哪里看到过这样一句话：人有一种习惯，就是总喜欢在舒适熟悉的环境中待着，这种"舒适区"一旦建立，也就会变得无比依赖，慢慢地爱上周围的墙，恋上这舒适的小屋，从而不愿意飞出去看看，怕看到外面熙熙攘攘的世界。

仔细看看我们周围的人，包括我自己，确实是这样的。

但是我们忘记了，所有的舒适，都是要付出代价的。

前不久，我和一个学员聊天。她告诉我，她考了很多证书，现在又来学习写作。

在我看来，她好厉害。我问她为什么这么拼。以我对她的了解，在她所在的县城，她的工作还算不错，待遇也还不错。

学员说："老师，我是被吓的，不努力不行啊。"

原来，前两年她们单位有一阵打算裁员，她自以为工作做得不错，也很拼，不会有什么事儿。但她还是太自信了。当看到自己的名字竟然出现在裁员名单里的时候，她慌了。

要知道，她和老公要养两个孩子，她老公的工资不算高，如果少了她这份收入，家庭就要陷入危机了。

那段时间，她愁得吃不好、睡不好，压力大到不行。她只恨自己不努力，关键时刻，只能"任人宰割"。

好在，后来单位的裁员风波过了，她也得以保住职位。

但是从此以后，她再也不敢混日子了。

别的技能她没有，所以她选择了考证，不断地学习。为的就是，再次面对裁员的时候，她不会让自己处于被动的局面。

这两年，她工作努力，考了几个证书，又来和我们学习写作。

前几天，这个学员告诉我，上个月在集团的征文比赛中，她的文章得了一等奖，她深得领导赏识，要升职加薪了。

她说感谢我们。我说："你得感谢努力走出舒适区的自己。"

《奇葩说》里有一个观点：有时候我们拼命努力，不是为了过得更好，而是为了保持现状。只有敢于走出舒适圈的人，才能看到自己无限的可能。

3

我们单位的前台姑娘，是个肤白貌美的大美女。她刚来的时候，单位的男同事，都喜欢往她跟前凑，希望博得好感。

但是我发现这个姑娘，对这些男人的"围追堵截"，并不感兴趣。她只是礼貌地感谢他们。

过了一段时间，男同事们都说她是个冷美人，热情渐失。

有一次，我有个快递，姑娘给我发信息，让我去拿。

我走过去，发现她正抱着一份英语试题在做。我瞟了一眼，是考研的试卷。

我笑笑说："准备考研？"

她说："是的。去年考英语，差两分没考上。今年我还想再拼一拼，所以就换了这份清闲的工作。好在，咱们老板，不怎么来单位，给我创造了很多便利。"

我说："加油！你肯定会心想事成的。"

4

今年三月底的一天，我在前台打卡。

小姑娘递给我一袋糖，说："鱼姐，请你吃。"

我说："是什么好事儿？你交男朋友了？"

姑娘笑着说："不是的，我考上研究生了。打算再过一段时间，就辞职了。"

我说："恭喜啊，你太厉害了！"

前几天，得知这位励志小姑娘要辞职，我主动请她吃饭。

这才知道，原来她毕业两年了。因为她不想花父母的钱，所以都是边工作边复习。第一份工作太忙，所以她离职了，来我们单位当前台。

我问她为什么这么拼，她家就她一个孩子，条件不算差。

她说："我以前挺自信的，觉得自己还不错。但是真正让我惊醒的是，找工作的时候，我才发现自己什么都不是，没有任何优势，被用人单位打击得一文不值。那时候我就发誓要改变，要提升自己，再不能像上大学的时候，那么浑浑噩噩了。所以我想考研，提升一下自己。这样的话，也许将来面对竞争，我更有优势，不会被别人比下去。"

看着自信满满的她，我真的是特别佩服她。

要知道，我在她这样的年纪，可没有她这么拼，也没有她这样的理想。还一度想听父母的话，找一份稳定的工作呢！

5

是的，如果你想要成为一个厉害的人，必须对自己有所要求，要跳出舒适区。要努力做到最好，让自己无可替代。

李尚龙曾经说过："无可替代的方式有两种。一是做别人不愿意做的事情；二是把别人都能做好的事情做卓越。只有这样的人，才是这个社会真正需要的。"

不管你是用哪种方式，当你变得强大，变得无可替代的时候，整个世界都会对你和颜悦色。而这时候，你也不会稀罕所谓的稳定！

所以，你要一点点突破自己的舒适区。只有这样，你的世界才会更宽广！

我不怕成为
一个拼命的姑娘

1

办公室新来了一个小同事，是个十分活泼的小姑娘，坐我后面。某天中午，她像是发现新大陆一般对我说："鱼姐，我发现我们办公室就数你最勤奋。"

我不好意思地说："你一定搞错了，我可不是最勤奋的那个。"

小同事满脸兴奋地说："真的，自从我来之后，我发现每天中午，办公室基本上人人都在追剧，但是你从来没有追过。我每天转身就能看到你，但我就没有看到过你的电脑页面在播放电视剧。"

其实，同事说的是实情，想想，我真的好几年没有追过剧了，也没有看过热播的综艺节目。

很多时候，我也羡慕坐在我旁边的同事，因为这几年，我记得她已经从《三生三世十里桃花》追到《都挺好》。而每天中午，到了将近一点，我就准时午睡，一点半，闹铃准时叫醒我，起来喝杯水，我继续开始工作。

我的本职工作，其实没有那么忙。基本上每天上午，我的本职工作就能顺利完成。下午的时间，只要不开会，不出临时状况，都是我自己的时间。

我用来写作、看书，处理写作班的事情，一点儿也不轻闲。

2

我中午不追剧，是为了好好休息，保持好精神。这样，下午我处理事情才能更高效。

晚上回家，有时候还需要给学员上课。没课的时候，就想着看看书，陪陪孩子，也没有时间追剧。

有时候忙的话，下班回家还得加班。

所以好几年了，或者说自从我开始认真写作，我就没有正儿八经地看过电视、追过剧。因为我家的电视，一年到头，也不会打开两次，我干脆把它送给了需要的人。

我喜欢自己安排时间的感觉，那样我觉得很舒服。看着计划本上的事情，被我一件件完成，我就觉得充满了成就感。

所以从去年到今年，其实正儿八经的休息时间很少。基本上我每天都是处于工作的状态。

我的闺蜜甜甜，前不久还在问我："你这么拼，到底是为了什么？"

说实话，我没有觉得自己太拼，只是不想混日子，想要自己变得更好一些。

3

我身边有一些生完孩子重回职场的妈妈，因为有孩子牵绊，没有多少斗志，觉得能混过去就行。

说实话，随着年龄的增长，我很害怕这种情况。因为我觉得现在时代变化太快了，我怕被淘汰。我怕自己不够努力，过不了自己想要的生活。

所以我想每一天都好好过，把时间尽力地安排好。忙总比闲好，你把时间花在哪里，肯定收获就会在哪里。

比如说，我中午没空追剧，或者说不敢追剧，怕自己上瘾。只有不让自己上瘾，按部就班地工作、学习，才能不打乱既定的计划。

这看似枯燥，实则是我对自己的严格要求。

虽然有时候也会有遗憾，错过那么多好剧，错过那么多经典，但是我想，将来的我，一定会感谢现在拼命的自己的。

因为最起码，我很努力，光阴没有白费，我拼尽了全力，没有遗憾。

何况我也是渺小的，无助的，唯有拼命，唯有努力，我才能让自己变成自己喜欢的样子。

想要到达明天，此刻我们就不能停下脚步。

4

其实我们办公室除了我这个按时睡觉的，还有一个叫小慧的财务是我特别佩服的。

为什么这么说？

小慧比我晚到公司一年，那时候，她还是个胖子。但是到了我们公司，她就开始执行了自己的减肥计划。

每天中午，我在睡觉，她在活动室雷打不动地运动半个小时，挥汗如雨。

半年以后，她明显瘦了。并且我每天在茶水间热饭，发现她吃的都是蛋白质丰富的食物，她没有像我们一样大吃大喝，非常节制。

公司茶水间有很多的零食，我从来也没有见到小慧吃过。

我们共事这两年，我发现很有趣。我每年都写不少文章，小慧每年的体重都在减。现在她只有 90 多斤，早就到了标准体重，穿什么都好看。

应该说，我和小慧是办公室里的两朵不追剧的奇葩，但是我们两个人，都实现了自己的目标。

其实，小慧也是个很拼、很努力的姑娘。

只是我和她的方向不同，我注重的是写作，而她关注的是自己的体重。

她对自己够狠，每天从运动、饮食方面严格控制自己；而我从休息、合理利用时间方面控制自己。

殊途同归，各自精彩。

5

记得十年前我的第二份工作，在一家私企。老板很随意，他要把我调到广告部，我不同意，我想待在编辑部，因为我不喜欢广告。

然后他当即炒了我的鱿鱼。哪怕我干得特别好，新闻报道也采写得特别好，哪怕部门领导也为我说情。老板依然没有选择留下我。

那时候口袋里没有余钱，未来不知道在哪里。

回去的路上，泪水流了一路。城市的夜晚风景很美丽，而我却没有任何欣赏的心思，我只恨自己还不够强大。面对这种被动的局面，我不知道应该如何应对。

那时候，我就发誓，以后一定要更加努力，要努力地写。

兜兜转转十几年，我一点点地接近了自己的梦想。我比过去更拼命，也爱上了拼命的感觉。

因为只有拼命，才能拥有选择权，才能在经历变动的时候，不畏惧风雨。

6

这个社会有时候对女性有偏见，总觉得女人嘛，差不多就可以了，那么拼干什么呢？还不如活得舒服自在一些。

确实也有很多女孩儿是抱着这种心态在生活的，她们认为打拼都是男人的事情。

但是谁说女人就不可以拼命了？

女人拼起命来，一样不输男人，甚至比男人更厉害。

相信，你也可以的！从今天起，不，从现在起，选定你的方向，去拼搏吧！

亲爱的，
愿我们都能活成朋友圈里的样子

1

周末，宅在家里写了两天稿子。

正好家里的绣球、三角梅、吊兰都开了，中途站起来休息的时候，我喜欢去阳台看看这些花草，调剂下心情。当然，少不了给这些花草拍照，发朋友圈。

有朋友在下面评论说，感觉我把日子过成了诗。

我笑笑，这是我理想中的诗和远方而已。现实生活中，有的只是崩溃之后的重新出发。

就拿这个周末来说，除了写稿子，我还要修改课件，陪孩子上课，阅读，其实忙得有点儿憔悴。

到了周日下午，感觉身体有点儿吃不消，所以在家稍微休息了一会儿，我就去小区附近的湖边走走，看看湖水，看看飞鸟，看看这个季节的花草。

可能是因为心情好了，身体的状态也慢慢好了。

而我的朋友圈出现的却是宽广的湖面，还有湖边正在盛开的非常漂亮的金丝桃和石榴花。

看了这些漂亮的照片，大家都会觉得我好有闲情逸致，却不知道，照片背后的我，在忙碌的状态下，身体有些吃不消。

2

不记得从何时起，我们都喜欢发朋友圈，并且朋友圈里的自己云淡风轻，仿佛自己真的过得很好。

像我又喜欢花花草草，所以朋友圈都是一些花花草草的美照。发这些，确实是因为我是热爱生活的。

但是就算是再热爱生活，我也会累。可能朋友圈里的我是嘻嘻哈哈、正能量满满的，背后的我却是在熬夜或者赶工，满心的憔悴。

我不想把自己最难看的样子，给别人看。

或者说，有时候，我在朋友圈发一些正能量的话，其实是悄悄地在心里给自己打气。

上个月月底，我要准备分享课的课件，要点评作业，要写文章，基本上每天晚上都要给学员上课，外加自己每天还要去单位上班，我感觉体力透支。

那十天，我每天下班都在公交站很认真地等车。之所以说是认真，是因为我在等一辆稍微空荡的公交车，我上去有座位，然后一路舒服地睡回家。有时候堵车，回到家，甚至还来不及吃晚餐，晚上的课程就开始了。

白天的每一分每一秒，我都要高效工作。弄到最后，还有很多事情做不完。

3

那个周五，下班的路上，老板催工作，我还有没写完的分享稿子。瞬间觉得生活一团乱麻，真的是忙哭了。

然后坐在回去的公交车上，我的眼泪情不自禁地流了出来，我真的是憔悴又焦虑。

那个晚上，我熬到了凌晨3点半，拼命地给自己打鸡血。然后把老板催的工作，还有分享稿子都弄完了。把这些分别发给对接人的时候，凌晨3点半的天空，都有些亮了。

我觉得很舒心，很放松，窗外也很安静，阳台上的月季在静静地开放。

所以我发了一张月季花开的照片，花很美，可是在这美好的背后，却是煎熬。

整个过程中，我流泪，我无助，但是结束之后，一切都很美好。

我承认其实很多时候，朋友圈里的我越快乐，越美好，就是现实生活中，我压力越大，挑战越大的时候。

但是很多事情，除了努力往前走，还能如何？

所以老老实实地哭过，在朋友圈给自己打完鸡血，再老老实实地干活儿。因为除了坚强，我别无选择。

4

曾经看到过一句话：你的朋友圈有美食有美景；有高雅有深沉；有幸福有美丽；有爱情还有奢侈。亲爱的朋友，看着照片中的每一个你，真的希望，你活成了朋友圈中的样子。希望你不会太累，别把自己伪装成别人眼中的完美。

可现实生活中，我们往往都伪装成别人眼中美好的样子，背后的辛酸苦辣，只有自己知道。

我的好友娜娜，是个资深驴友。

娜娜是个大龄未婚女青年，现实生活中，她天天被妈妈催婚。加上她的原生家庭不算太好，娜娜对结婚其实是很抵触的。

但是在她的朋友圈里，都是她在户外看到的大自然的美景，还有驴友们的微笑。

前几天，娜娜和我联系。我说："看你朋友圈，你的小日子过得不错啊。"

娜娜说："那都是骗你的。不对，重点是骗我妈，让她知道，我就是不结婚，也会过得非常好。让她不用担心。现实生活中，哪里有那么好啊！悄悄告诉你，昨天晚上，我还在小区的公园里，哭得像个傻子。

"我估计路过的人都在看我，以为我失恋了。实际上，我连恋爱都没有。

"我哭，是因为工作压力太大了，正好犯了一点儿错误，老板冲我大吼。想想我来北京十几年了，没有恋人，没有房子，没有车子，还是一个人。我自己也觉得自己好失败。

"外加我妈每天跟在我后面，逼迫我相亲，让我早点儿嫁出去。我真的是烦透了。

"可是这些，我哪里敢在朋友圈发？生怕你们担心，又怕破坏了你们的好心情。所以负能量，都自己悄悄地消化了。

"多发点儿笑脸，让你们看了也舒服，还不用担心我，以为我过得很好。"

每个在外漂着的人，都会经历这样无助的时刻。有时候看着城市的万家灯火，却没有一盏灯是为自己亮的。

人生如此艰难，你能做的就是打起精神，哭过、发泄过，第二天继续微笑。告别别人，我过得很好，真的很好！

5

朋友圈是一个展示自己的窗口。只是有时候，很多人都会拉上窗帘，在背后默默地哭泣。

哭泣之后，可能会安稳地睡一觉，拉开窗帘，又是新的一天，继续埋头去拼搏。

亲爱的，愿我们都能活成朋友圈里的样子。

那里有美好，有期待，有希望，有很多的正能量！

哪怕背后有再多的憔悴不堪，但是时光会记住我们曾经的努力，会记住我们的付出。时光也会对我们温柔以待。

相信这么努力的我们，总有一天，会活成自己喜欢的样了，会过上我们喜欢的生活！

共勉！

Part
②

世界浮躁，怎样

心安

如果不去尝试，不去努力，你永远都不知道自己能够走多远。

　　积极去尝试，去行动，就算失败了，最起码，你会知道，这一条路不适合你。然后去寻找新的适合自己的路。

　　愿我们都能找到适合自己的那条路，去努力，成就更加美好的自己！

世界浮躁，
怎样心安

朋友问我："有没有觉得周围的一切都很浮躁，每天忙忙碌碌的，但是却不知道自己在忙什么？刷一下朋友圈，一看都是成功人士，个个年入百万。越看越沮丧，越看越觉得自己穷，继而更加心浮气躁。"

谁说不是呢？

虽然我不羡慕别人通过自己的努力，月入十万，年入千万的，但是我在做自媒体啊，一样有困惑和烦恼。

很多人每天都在写文章，拼命地追热点，想要制造一个个10w+。有些人为了名，有些人为了钱，有些人是为了爱。

我好好地想了下自己的状况，像我这么随性的，好像还真是不多。

出了一本书，在别人看来很风光，但是我依然对自己不满意。觉得自己写得不好，现在回头看看那时候写的文字，是我那时候的状态，而此刻的我，已经看不上那时候的自己了。

前几天先生写了一篇文章，让我看看，我把他批评得一无是处。后来我想了想，大概是因为我看多了，审美的水平提高了，对文章的要求也提高了。

唯一不好的是，我的写作水平似乎仍然在原地打转。

很长一段时间，我都找不到自己的方向了。不知道自己想写什么，对所有的文字都厌厌的。

写作久了，你就会发现，其实很多话题你都写过。

但是很多人还在坚持写，有些人创新能够成功，有些人却不能。

我到底想要什么呢？

最近看书多了，反而多了一些感悟。

我只想写一些温暖的文字，温暖你，温暖他，温暖我自己。

顺便也沉淀你，沉淀我，沉淀他。

当然，首先得自己沉淀下来。

作为一个码字的，虽然是非专业的，每天看到朋友圈，不停地看到谁发文了，谁写了新义，有时候难免也会浮躁。

后来，我想这是正常的，毕竟人都想超越现在的自己。如果你不想，那么你一定还是没有想好自己的方向。

不管是减肥成功，还是考个证书，还是学会某一项技能，不过是为了过得好，为了比现在好。

理解了这一切，再来看看浮躁，好像也没有那么重要了。

很多人浮躁完了，会焦虑，别人跑得那么快，我怎样才能赶上他呢？

为什么我拼了命，也没有得到我想要的？

为什么我总是过不了自己想要的生活？

可是你想要的到底是什么呢？

很多人肯定是没有方向的，甚至更多的人，今天看见别人这方面做得好，想去学，明天看见另外一个人其他方面做得好，又想去学。

可是你自己最想要什么，最想做什么呢？

都是未知。

不过还是要结合我的经验，告诉大家几个克服浮躁的办法。

少玩手机，多学习

前天晚上 10 点多，我准备睡了，胖妹说她还要去看会儿书。因为她想充充电，好在我们春天聚会的时候有话题聊。

其实她都不知道她自己多优秀。她情商极高，做事行动也快，学习能力非常强，关键是还做得一手美食。

但是这么优秀的人，还在努力学习。

关键是我和她一起学习，她比我用心多了，她拼命往前挤，我天天在群里看着。这就是差距啊。

有段时间，我特别喜欢刷手机，我的群很多，基本上一上午不看，有些群的信息都能达到999+。

我看到就有点儿压力，甚至有点儿烦躁。

后来我就不看了，直接进去删除信息，除非是特别重要的信息，我会大致看一眼。

我发现只要不看手机，不管是工作还是做事情，效率都能高很多。

但是一旦开始刷信息，妈呀，瞬间半个小时过去了，自己还在那里刷。

尤其是女人喜欢看八卦信息，刷得停不下来。

很多人总觉得一会儿不刷信息，会有很多人找自己，会有很多重要的事情。其实我发现，我半天不看手机，也没有多少人想着我。

最多是忙完一阵子的工作，放松的时候稍微刷下，看看有没有重要的事情。

还有就是要提升自己的学习能力。在这个时代，似乎人人都知道学习的重要性。

很多人甚至通过学习，或者某项专长，给自己带来了全新的生活，让他人羡慕。

学习是应该的，但是不要盲目，想想自己到底需要什么。

找准自己的目标，一点点去做

等你想明白了自己到底需要什么，然后再去努力，就有可能得到自己想要的。

成功的人为什么会成功？无非是他们的目标坚定一些，毅力更强劲一些。

有时候同样的起点，有些人比你成功，就是因为他们坚持到了最后。

找到了自己的方向，把你的目标，分解成很多的小目标。

比如说这个星期，你想要达到什么样的目标，想清楚之后再去努力，甚至把实现目标的过程分解到具体的每一天，这样就容易得多。

不然也只是隔着山观望。

比如，我和好友同时决定减肥，她已经瘦了10斤了，我还在原地踏步，为什么呢？

因为她每一天的目标都很明确。早晚运动两次，吃饭七分饱，尽量吃得清淡。

而我就不行。早晨运动指望不上，我起得不算晚，但是我没有把运动排到我早晨的生活范围里面。

下班后，回家了觉得好累啊，心情好的时候，运动下；心情不好，算了，就放过自己吧。

因为目标不明确，所以我注定难以减肥。

做其他事情，也是一样的道理。

多阅读

前几天看到一则报道：智联招聘发布中国白领满意度指数调查报告，结果发现，有 40% 的白领们全年没读过一本书。

之前我的阅读习惯也不是太好，上半年还是坚持得不错的，好歹一个月还能读两本书。下半年全线崩塌，两个月都读不了一本书。

看书不仅仅是简单地看，比拼数量，更重要的是质量。

对于一个写作者来说，重要的是思考和发现，看你能不能从一本书中提炼出好的观点。

就算没有其他的发现，做做摘抄也是好的，这样以后写作还能用上。

很多人写着写着，就江郎才尽了，比如我。就是因为少了阅读积淀。

虽然我一直和别人强调阅读的重要性，但这简直是在啪啪地打自己的脸。

好在我有所改变了，还参加了一些读书的活动。

用心读完一本书，吃透它，哪怕是你听别人读，或者听别人分析，收获的知识也是自己的。

何况读书，也是让一个人见识或者认识世界的最好方法。

多读书，总不会错，也许有一天你的知识就会拯救你呢。

一切皆有可能!

"我没时间"，
多少女人被这句话催眠

1

春节假期，我所在的妈妈群里很热闹。

有人晒和孩子出国游，有人晒和老公孩子一起回老家过年，有人晒自己的各种买买买，还有人晒各种好吃的……

有一天，浩浩妈妈又和我们分享她带着娃在泰国游的美照。下面很多妈妈纷纷表示各种羡慕，要是自己也能去就好了。

浩浩妈妈说，泰国游并不贵，她也是和老公抽出几天空特意过来的，所以大家不用羡慕她。想去的，可以赶紧行动起来。

这时候，有很多宝妈表示，确实要赶紧行动起来。

只有瑶瑶妈妈说："我没时间啊，老公指望不上，天天自己拖着一个熊孩子，哪里都去不了。"

她的话，引来了一群妈妈的安慰，她们纷纷说，等孩子再大点儿一样可以的。

而我却想起来，好像每次聊天的时候，瑶瑶妈妈说得最多的一句，便是"我没时间"。

2

除了瑶瑶妈妈，我还想起来一位朋友，她叫晓云，她的口头禅也是"我没时间"。

每次我在朋友圈发我带娃出去赏花、看水，或者欣赏蓝天白云的照片，晓云都表示羡慕。

见她这样，我就说，下次我出门叫上她一起去。她就赶紧说："你知道的，我没时间。"理由不是带孩子不方便，就是老公周末要加班，她不方便出门，或者自己要加班。

有时候，我会晒我们写作群的小伙伴取得的各种成绩，晓云依然会表示羡慕。因为我和晓云是同学，她之前也是喜欢文字的，我们还一起做过文艺小青年的梦。

于是我便邀请她和我一起写，或者报班学习。她依然是推托说："我没时间。"然后就是说自己最近太忙，忙着这个，忙着那个，或者说婆婆不帮她带娃，她哪里能够抽得出时间啊。

我在心里只能轻轻叹息一声。因为据我所知，我们写作班里还有好几个三宝妈妈，她们也是自己带娃，一样上稿子，忙得风风火火的，却不影响成绩。二宝妈妈就更多了，有人甚至带娃的同时坚持写作，月入2万。有些人，发展多媒体平台，终于熬出了名气。

你看，只要自己想，愿意迈出一步，就有无限种可能啊。

但是有不少女人，就和晓云一样，总是迈不开那一步，或者说她自我催眠，不愿意迈出那一步。

晓云对我说得最多的是，等孩子上幼儿园了，我时间多了，我就干什么。比如说像我一样学习心理学，或者像我一样学习写作，甚至像我一样出门旅游。

可是现在她的孩子，马上就要上小学了，也没见她有任何行动。我已经习惯了，她总是说自己没时间。

3

是真的没时间吗？

晓云总是羡慕我生机勃勃，白天工作，晚上兼职，假期依然带孩子出去玩儿，周末的时候，用心做一顿饭，甚至抽空种花、看书。

她总是问我怎么做到的。

我说抽时间啊，她就会觉得我完全是命好。因为我家先生很心疼我，主动帮忙带孩子。甚至因为和我是同行，他支持我写作，支持我投资自己，支持我积极走出去……

而她的老公就是样样都不好，不帮她带孩子，不懂得体贴，不支持她学习……

她的理由总是一堆。而我就在心里想，这些和你老公又有什么关系呢？

自我成长是自己的事情。当你很努力，很忙碌的时候，爱你的那个男人会主动帮你分担。但是如果你自己总是在原地踏步，各种抱怨，你的男人会变好吗？肯定不会。

当然这个是扯远了。

说到底人还是需要自我改变的，自信心很重要。

有些女人就像晓云这样，很擅长自我催眠，让自己沉睡不醒，别人是没法儿叫醒她们的。

只有一个女人愿意主动成长，主动学习，她才会散发出独特的魅力。

4

我的一个朋友——宋姐便是这样的女人。

宋姐是我在心理学的辅导班上认识的，虽然她比我大很多，儿子都已经快要娶妻了，但是她的活力和学习能力，我自愧不如。

心理咨询里面有各种疗法，她大部分都学过，甚至不惜自费去北京、上海学习。而她学习的很多知识，我甚至连皮毛都不了解。

每次课堂上，宋姐都是那个积极回答问题、积极参与的人，而我总是那个默默无闻的人。

我知道宋姐其实本职工作非常忙，加上她兼职开了培训班，要管理、要运营，比我还忙很多很多。

有一次，我问她哪里来的那么多时间学习，因为我看她朋友圈的状态，发现她的时间排得满满的。

宋姐说："挤啊！现在孩子不在身边，白天我没时间，但是晚上还是可以多看一会儿书，多学习一会儿的。何况我做培训，也需要多学习一些东西，这样才能更好地引导孩子，和他们的家长沟通。"

宋姐的状态，让我明白，时间其实对很多人来说都是不够用的，关键是看你会不会挤。

只要不天天说"我没时间"，不进行自我催眠，自我限制，你的时间永远是能挤出来的。

5

很多女人都喜欢把希望寄托在未来。

等我家娃上了幼儿园，我就可以如何；

等我家娃上了大学，我就可以如何；

等我退休了，我就如何；

等我小孙子满 3 岁了，我就如何……

时间就这样在等待中流失，而当下的自己，永远没时间。

其实我们能够掌握的只有每一个当下，能够好好过的也只有每一个当下。

想要学习了，就去努力抽时间学；

想去旅行了，就积极协调时间去；

想去唱歌了，今天就去唱……

我们不必等到下一刻。把握住此时此刻，把握住今天，才是我们应该做的事情！

你的努力，
决定你生活的样子

1

在家休息的时候，突然收到学员云心给我发的信息，说她准备报名故事班了。

这个并不是重点。重点是云心告诉我，本来她是做电气行业的，但是通过上我们基础班的写作课程，找到了一份写手的工作，成功转型。

虽然她后来因为搬家，辞职了，但是因为她会写作，原来的单位，让她做兼职。所以现在的她，在本职工作之余，还有一份兼职，日子过得很充实。

云心说感谢我们的课程，因为她通过我们的写作班，才变成了更好的自己。

我觉得她最应该感谢的是她自己。因为是她自己的努力，才让她变成了更好的自己。

而我们的课程，只是她通向新世界的一个通道。

当然最重要的是，她的坚持。因为，学过写作的人很多，但是走得远的不算多。很多人，都没有坚持下来。坚持的那部分人，有些人通过写作月入过万，有些人成功转型，有些人因为会写作，在单位受到重视，工作变得更好……

所以说到底，还是要靠自己的努力，你有多努力，就会变得多美好。不管是做什么，都是如此。

我加入好友的写作团队，成为导师，也有两年多的时间了。在此期间，我认识了很多学员，也认识了很多想要学习写作的人。

那些目标坚定的，愿意去尝试的人，多半都已经走在理想的康庄大道上了。而那些一直在纠结的人，很多还在纠结。

2

认识一个宝妈，她一年半之前，加我微信，想要参加写作班，想要改变自己。

因为生完孩子，婆婆指望不上，她全职在家带孩子。每一分钱，都要向老公伸手要。那种滋味，并不太好。有时候老公心情好，爽快地给钱，不会多说。心情不好的话，就会嫌弃她乱花钱，乱买东西。她也觉得委屈。

我记得第一次咨询完之后，她说，她要考虑，觉得自己基础不好，怕自己坚持不下来，还要带孩子。

那之后，因为工作忙，我没有关注过她的消息。半年后，她又来找我，说她因为钱的事情，和她老公大吵了一架。她想要自己赚钱，很迷茫，还是想学习写作。然后就没有了下文。

前几天她又找我，还是在纠结，因为怕学了对她没用，又怕自己写不好，被她老公嘲笑。她很想赚钱，很想在她老公面前扬眉吐气一回。

我想以她的性格，大概最后还是会不了了之吧。

一年多的时间，如果她听课了，坚持去写，就算不上稿子，对她的整个身心状态，肯定也是大有好处的。

但是她一直在挣扎，在纠结，所以还是在原地踏步。看着周围的人越走越远，她拥有的只能是焦虑。

在开始一段未知的旅程之前，在学习一件新事物之前，纠结和挣扎，其实是正常的。关键是你得明白，或者说是坚定自己的目标，你要知道自己到底想要什么。

想要什么，想要变得更好，都是需要自己努力的。得选择一个方向，朝着自己的目标去努力。可能一时未必能成功，但是在努力的过程中，你也在摆脱眼前的迷茫和沮丧，在渐渐变得好起来。

最怕的就是不去做，不去努力，天天纠结。时间都浪费在自己无休止的徘徊和挣扎上了，那样只会更迷茫，更无助。

3

昨天看到我的好友夏小沫更新的微信文章，才知道这一年的时间，她让自己变得越来越厉害了。

我和小沫认识很多年了，具体有多久，我自己都忘记了。但是我们共同的爱好，就是写文章。她一直辗转各个单位，做文案。而我这些年，本职工作一直是编辑。

一直在做文案的她，因为热爱写作，之前也发表过不少文章，但是方向并不明确。直到去年她参加了一个文案课，在这个课程中，她找到了自己的新世界。从开始的围观，到后来稳定地输出朋友圈打造方面的感悟，到后来自己开课。

中间也曾经历过艰辛，包括她老公生病住院，她都抱着手机在病房里讲课。熬过了最艰难的时光，现在她成就了最好的自己。副业的收入，远远超过工作的收入，也是她坚持下来的动力。

就像小沫说的，每个人都有自己的闪光点，就看你能不能察觉到。可能有时候，一条路并不好走，需要迂回前进。但是如果你不去尝试，又怎样能前进呢？

做写作导师的过程中，我也发现很多学员像小沫这样。有些人可能观点文并不出彩，但是上了故事课之后，瞬间找到了自己的方向，每个月光是写故事稿子的收入，就赶上了自己本职工作的收入。有些人甚至用这些收入，供孩子上大学。

很多时候，做一件事情，会遇到很多阻力，会有一些意想不到的麻烦或者挫折。但是只要找对方向，心有目标，就能坚定前行。

4

著名主持人何炅曾经说过："每个人都是通过自己的努力，去决定自己生活的样子。"

如果不去尝试，不去努力，你永远都不知道自己能够走多远。

积极去尝试，去行动，就算失败了，最起码，你会知道，这一条路并不适合你。然后去寻找新的适合自己的路。

愿我们都能找到适合自己的那条路，去努力，成就更加美好的自己！

主动改变自己，
才能变成自己喜欢的样子

1

下班路上，我看到妈妈群里大家聊得热火朝天的，忍不住多看了一些信息。

话题是彤彤妈发起的。过完年，她把3岁的彤彤送进了幼儿园，熬了一个多月，孩子已经适应了幼儿园的生活。

彤彤妈也放心了，准备出去找工作，结果却连连碰壁。

因为很多用人单位一听她全职带娃几年，感觉她空窗期太久，担心她适应不了，让她回家等消息。结果就是没有消息。

找工作不顺利，彤彤妈甚至开始了自我怀疑。哪怕她曾经也很优秀，但是目前的状况，让她没法儿自信起来。

彤彤妈的话，引起了妈妈们的一致兴趣。

有妈妈说，自己36岁，工作并不是太如意，但是不敢换工作。因为很多单位招人都是只要 35 岁以下的。她怕自己辞职了，就面临失业。

有妈妈说，自己已经当全职妈妈四五年了，已经没有勇气重返职场。

还有妈妈说，自己二胎还没有生，已经找不到工作了……

这大概是我等中年妇女最尴尬的事情了。

好不容易熬到 30 岁左右，生个孩子，为了更好地陪伴孩子，选择全职。又好不容易熬到孩子 3 岁了，想出门工作，却发现自己已经在激烈的竞争中败下阵来。

有些人，可能生完一个还会接着生二胎，复出更是遥遥无期。就算有一天自己想重出"江湖"，中间已经好几年没有工作，也是困难重重。

我等中年妇女，真的就没有出路了吗？

也不是。

关键是看你怎么选择。

2

跟着我们学习写作的一个学员，今年 39 岁，养育了两个孩子。

前段时间，她告诉我，她家那里的一家不错的公众号，主动联系她，给她开高价，让她过去当主编。而她考虑到要接送孩子，不方便坐班，就婉拒了。但对方说，她可以不坐班。

那家公众号开的工资在她家那里来说，不算低，甚至比很多人都高很多。但是学员告诉我，其实她很纠结，因为她每天写稿子挣的钱也不比这个工资少，还更自由。所以她在纠结要不要出去上班。

说实话，我挺佩服这个二胎妈妈的。大儿子上小学，小女儿刚3岁，要辅导大的写作业，要陪伴小的成长。哪一点不需要付出时间？

她每天晚上早早就陪着小女儿睡了，所以凌晨4点准时起床，在老大6点半起床之前，她已经写好了一篇文章。在时间充足的情况下，她还能阅读一会儿。白天她陪着小女儿，还能带她出去玩儿。

曾经她也是个焦灼无助的全职妈妈，好不容易带大了一个，又意外怀了二胎。整个人心态特别不好，和老公也是经常吵架，她抱怨，烦躁。

但是自从她开始写作之后，结合自己的情况重新规划了时间，加上她勤奋，肯钻研，所以现在收获满满。有很多公众号找她约稿，她也自得其乐。

而她也因为实现了自己的价值，所以对生活、对未来信心满满，早已不惧怕任何风雨了。

很多人肯定会问，同样是中年妇女、全职主妇，为什么她的运气好到爆？

其实不是她的运气好，而是她工作努力，让自己有了能力和特长，所以后面就变得顺利起来。

所以同样的中年，别人和我们过得却是不一样的人生。

那么作为全职妈妈，我们应该怎样做，才能提升自己的竞争力呢？

3

人都是有惰性的，如果长期在一种状态里面，很容易堕落。

尤其是很多带娃的妈妈，不知不觉以孩子为重心，却忘了自己，忘了自己也需要成长。

这就要求我们积极跳出舒适区，去寻找一两样自己感兴趣的事情做。

比如说，我认识一位美妈，在陪伴孩子成长的过程中，为了教孩子英语，自己也重拾了英语。在孩子上幼儿园之前，她考了教师资格证，然后成功地应聘到孩子的幼儿园去当英语老师。

也有妈妈，在陪伴孩子的过程中，把孩子教育得很好，后来办了托管班。

我自己也是在带娃的时候，去考了二级心理咨询师。这也给我打开了一扇全新的窗。

当然开辟新的事业领域，不是容易的，这就需要我们积极地探索和寻找。在这个过程中难免会有挫折，但是你要相信自己，只有积极勇敢地走出去，去尝试新事物，你才能遇到更好的自己。

4

作为一名写作培训师，很多人通过我的公众号加我微信，想向我学习写作。但是一听价格，很多人嫌贵。

还有人反反复复地问我，总是觉得价格贵。其实说实话，那个价格不算贵，对于很多人来说，也就是一件衣服的价格，甚至还没一件衣服贵。

拿出一点儿小钱投资自己，也是给处于黑暗中的自己一点儿亮光。

如果你自己都不想改变自己，给自己找种种借口，那当然是啥事都干不成。

就像我前面提到的那个学员。她有两个孩子要养，家里还欠债，但是她改变自己的决心很强。虽然她的天赋不算好，但是敌不过她勤奋啊。

要知道，你花点儿小钱，跟着别人学习，学的都是别人用了很多年的方法和经验，是值得的。

并且这个过程，你可能会认识更多志同道合的人，你们一起抱团成长，路会越走越宽广。

5

作为全职妈妈，每天看似轻松，无非就是伺候娃的吃喝拉撒，但是每一样都需要花费时间。白天孩子需要出门去玩儿，晚上需要人陪伴睡觉，并且时刻不能离人。

这样一算，全职妈妈真的没有多少自己的时间，或者说就是一个24小时的贴身保姆。那么我们就需要合理规划自己的时间。

比如趁着孩子睡觉时，自己早早起来做自己喜欢的事情。以前我当全职妈妈的时候，也是趁着孩子睡觉时写作的。

周末的时候，要好好发挥老公的作用，尽量让爸爸带娃。自己放松一会儿，看看书，或者去学习一样新本领，也不错。

一定要规划好自己的时间，不要经常抱着手机。不然的话，一刷抖音或者看微博，半天就过去了，而自己依然无所事事，一无所获。

可以好好地给自己的时间做个规划，制作个时间安排表。一般来说，娃的生活只要规律了，变动是不会太大的。尽量把相对集中的时间，用来学习。

6

有了方向，有了计划，自律也是很重要的。

就像我们那个每天 4 点多起床写作的学员，坚持一周可能比较容易，难的是月月年年，中间可能确实有很多时候，自己身体不舒服，有特殊情况。

但是尽量让自己坚持下去。

在"写作"这块，我真的见到很多人坚持下去，成就了更好的自己。

怕的就是三天打鱼，两天晒网。

其实大部分人的天赋都差不多，能够走得更远更久的，必然是非常自律的。

其实没有谁比谁更容易，关键是你要舍得去改变自己。

人生的路都是自己选择的，你选择什么样的生活方式，生活也会让你变成什么样子。生活对我们每个人都是公平的。

愿你愿我，不管任何年纪，都是职场上一朵俏丽的花儿！

只有把自己放在定速的轨道上，
你才会成功

1

一个学员找我咨询出书的事情，通过和他交流，我才发现他是个高手。

虽然他只有初中学历，但是他写的东西，真的很好。这个不是最重要的，重要的是他爱学习，肯钻研。

2009 年，他刚到广州找工作的时候，目标就非常明确，他想要进服装厂。因为衣食住行，是人们生活的基本。

服装厂一般不要男工，但是机缘巧合下，他还是进去了。进去之后，老板只让他打杂，但是他那时候的目标就是当厂长。

可是所有人都告诉他，他的这个目标有点儿难，甚至不可能。因为那时候他连最基本的服装制作工艺都不了解，还不会做。如果想要熬到厂长，最少需要五年的时间。

五年的时间，对他而言太长了，他想尽快实现目标。朋友告诉他，想要加快进程，除非他能在三个月内把每个工序做一遍。三十多道工序，可不少。最重要的是没有老板会同意，让他每道工序都去尝试。

他就找不同的工厂，学会了指定工序就出来，可能有些工序一周就学会了，他甚至会拿不到工资。但是他还真的只用了半年，就把这些工序都学会了。只是比他计划的三个月，时间长了而已。

机遇只青睐有准备的人，因为这些技能，他还真的当上了厂长。

2

当上了厂长，工作相对轻松很多。时间久了，他的激情就消退了，就想尝试点儿新事物。这时候他发现厂里的服装打版师挺轻松的。于是他虚心求教，但是人家都不愿意教他。

他问了一圈朋友，才知道这门技术是不外传的。

天无绝人之路，没人教也没关系，他会自己学啊。于是他买来专业书籍苦读，苦读之后，他发现很多专业术语还是不懂，毫无头绪。

后来他问了几个朋友，朋友都建议他从最基础的练习开始学习。因为制版需要好的线条，就像学画画儿刚开始要练素描一样，所以他打算先练习这个。

那时候他每天看完报纸，就把报纸当成练习工具，每天拿个碗画圆。

一张报纸被一个个的圆画满了，再继续画下一张。每天他坚持练习五个小时，到后来他可以做到画线如飞。

练习了三个月，他的画线技能已经完全没有问题了，他就想着去做些别的练习。

做衣服，合体版最难打，他就从宽松的开始练，每天不停地把衣服打瘦一公分，再瘦一些，最后瘦到吸气的极限。

半年后，他觉得自己的技艺已经非常完美了，就想着在朋友面前炫耀下自己的杰作。可是朋友们找来了店里的兼职模特，本来她们的身材穿什么衣服都好看，但是穿上他设计的衣服就怎么看怎么别扭，并且各种不舒服。

想了很久，他才明白原因，是他没有把衣服穿着者的形体数据搞通透。

从那以后，他没事儿就上街去看女人，看她们穿的衣服。因为他太专注了，很多时候都会被误会，被骂。

好在他那时候做厂长，有时间调整自己的版型，他把一款衣服不停地打版，做出好多件，让人试穿。然后调整，再做再调整，一直到完美为止。

有时候他也会怀疑，不知道自己会不会成功，但是他相信，只要自己一直坚持，成功只是早晚的事儿。

现在他已经从事女装制版将近二十年了，他开工作室，还写了一本教服装制版的教材，让很多人受益。并且他自创了很多新颖的制版方法。这也是出版社找他出书的原因。因为他是这方面难得的天才，并且有难得的见解。

而他参加我们的写作班，已经差不多一年了，在他的坚持下，他的写作水平也越来越好了。

说实话，对于他这样一路打拼、目标坚定的人，我是很崇拜的。

但是分析他的人生轨迹，我们不难发现，他把自己放在定速的轨道上，目标坚定，所以才能一点点向前，取得成功。

而这一点也是最难得的。

3

我们每个人都在寻找适合自己的轨道，但是有些人，选择了，却没有坚守。所以总是一事无成。

而真正的高手，都懂得坚守自己的轨道，让自己匀速前进，一点点地到达远方。

正好，我的好友芳芳前几天联系我，周末她要来武汉参加马拉松。

说实话，对于她参加这类活动，我很吃惊。为什么呢？因为在我的记忆里，芳芳和我一样不爱运动。

并且我们两个都是体育"小白"。想当年，上初中的时候，一到上体育课，我们两个就头疼，恨不得每次都请假不去。

现在的我依然没有运动天分，所以我放弃了，也迟迟减不下来肥。

但是芳芳怎么就转性了呢？

原来她也和我一样，上班长期坐着，以前不觉得怎样，但这两年她经常生病，体质也变得非常差。做其他的体育运动对她来说都有难度，就是"跑步"这个还比较简单。

所以在她老公的带动下，她选择了跑步。刚开始的时候，她快走都气喘吁吁的，何谈跑步呢？

但是她每天给自己制定一个小目标，从第一个五分钟突破自己。第一周每天跑五分钟，第二周跑十分钟，第三周十五分钟……慢慢叠加。

慢慢地，她可以一个人跑一个小时也没有问题了。她老公也从一开始的各种嫌弃她，到现在愿意带着她一起跑。

并且最开始的时候，她强迫自己每天练习，一周跑三次，现在只要有时间，她就会跑。

芳芳说，她自己都没有想到，她居然可以坚持这么久。

因为她在坚持的时候，没有和别人比较。毕竟和她一起开始跑步的朋友有很多，很多人开始跑得很有劲儿，但到后面没有坚持下来。有些人甚至因为过度用力，膝盖或者腿受伤，再也不能跑。

芳芳是天赋最差的那个，但是她不着急，就是慢慢来，按照自己的速度，能跑多少是多少，一点点叠加。反而效果更好。

这次来武汉参加马拉松，是她的首秀，也是她的挑战。

4

我说我周末要去给她加油，她不让我去，说让她顺其自然地跑。等跑完，我们再聚。反正对于她来说，贵在参与。

她想让自己轻松点儿，能坚持多久就坚持多久。按照她现在的身体条件，她觉得自己可能也坚持不了全程。

但是跑步对她来说，慢慢地让她变得快乐，更积极、更自信，最重要的是她的身体也好多了。她不再经常生病，有多余的精力照顾家里的老人和孩子。

挂了电话，我想了想，其实芳芳又何尝不是把自己放在一个定速的轨道上呢？

在这点上，我不如她。所以我运动总是三天打鱼，两天晒网。以前我在家附近的大学，坚持每天早晨跑半小时，也是慢慢地积累的，现在很久不跑了。我的小伙伴们都改练习瑜伽去了，我也没有什么动力。所以这几年，肥胖一直伴随着我。

可能还是我改变自己的动力不够，最重要的是，我没有把自己放在一个轨道上。总是这也想，那也想的。

今天看别人做瑜伽不错，就去学习两天，明天看别人跑步不错，再去练习两天。所以到现在，运动依然是我的短板。

其实不管做什么事情，都不能用力太猛。就像跑步，如果用力太猛，会容易让自己受伤，让自己坚持不下去。也不能三心二意。

只有目标明确，在自己的轨道上，一点点向前，才能欣赏到最美丽的风景。

人生也是这样的，有时候，我们不需要看别人如何，关键是自己想如何。

想了就去做，在自己的轨道上，给自己定个计划，一步步，一点点地去做，去努力。不问时间，不看别人，时间久了，总会达成自己的目标或者心愿。

女人，
请你一定要好好打扮自己

1

一位大姐在朋友圈里说，在她生日的时候，有年轻同事送她一支口红，她却觉得年纪大了，不好意思用，总感觉涂上口红出门怪怪的。

这和曾经的我是何其相似。

以前我也不喜欢化妆，总觉得有那个工夫不如多看两本书，或者多睡一会儿，何必折腾。加上我手笨，这些细活儿，还真的不适合我。

所以我总是像清汤挂面一样，还自认为这样也不错，自己舒服就好。

是什么让我发生改变了呢？

那天，要去见一个重要的朋友，朋友是个超级大美女，从外地过来。为了表达对她的重视，老公建议我化个淡妆。

但是从来没有化过妆的我，哪里会啊？我只能临时买了一支口红涂上。因为我平时不化妆，所以连口红都不会涂，还是化妆品店里的店员帮我涂的。

顿时，我感到很沮丧。但是出门之后，老公对我说："你有没有发现，你还是化点儿妆好看。"女儿看到涂了口红的我，也很开心，说："妈妈漂亮。"前一刻的沮丧瞬间烟消云散，我好像觉得自己变美了，不由得自信起来。

从那一刻起，我发誓，以后还是要好好捯饬捯饬自己。不为别的，最起码自己赏心悦目了，内心就会更加自信了，也是对自己负责。

后来，我就开始学习简单的化妆。平时上班带娃没空，我就周末出门时练习化妆，其实也不是多么正规的化妆，就是简单涂点儿气垫，擦点儿口红，整个人的状态立马就不一样了。如果衣服也能漂亮一点儿，就更好了。

比如说，我上周末陪女儿去上舞蹈课，穿了一件立领的民族风裙子。女儿对我进行各种爱的表达："妈妈太美了。""妈妈以后你每天都来接我放学吧。"我也很开心。

那天下课的时候，我女儿拉着我的手，对周围的小朋友说："这是我妈妈，我妈妈是个大美女哦。"周围的人，都笑了。

我却满心感慨。

2

很多女人婚前对自己都很舍得，也会花很多心思打扮自己。但是婚后，尤其是有了孩子之后，渐渐地就变得懒散了。

不少全职妈妈，经常挂在嘴边的一句话就是：我天天在家也不怎么出门，打扮了给谁看？

其实，打扮并不是为了给谁看，而是为了让自己心情好。并且打扮也是善待自己的一种方式。不为别人，只为自己。

你想啊，看着镜子里那个化了妆、穿着漂亮衣服的女人，你是不是也会心情跟着好起来？你是不是也会觉得自己更精致、更美丽，能配得上所有的好东西？

如果镜子里出现的是头发凌乱、皮肤油腻、脸上毫无光彩的女人，你是不是也会觉得挺无趣的？你是不是也会放弃对自己的要求，觉得还是算了，左右不过这样了？

并且一旦你开始放弃自己，那么你就会在自我放弃的路上越走越远。

很多女人都会说，看我婚前身材多好，多好看，但是结了婚，我被岁月摧残了。老公和孩子不争气，家里一堆烦心事儿，哪里有心思收拾自己啊。

其实，婚姻从来就不是夺走女人美丽的凶手，是女人自己放弃了自己，放弃了爱美的心气。所以就越来越堕落。

而一个女人，只有自己变得好了，变得好看了，整个世界才会变得美好。而那些糟心的事儿，也都会不是事儿了。

3

再有从夫妻感情的角度来说，女人爱打扮，男人的目光才会一直追随你。

很多女人经常会觉得老公眼里没有自己，不重视自己。

那么请问，你有好好打扮自己，让他眼前一亮吗？

我的一位姑奶奶，现在 70 多岁了，她总是衣着精致，出门总是化着淡妆，涂着口红。据说，她这是保留了年轻时候的习惯。

而我的姑爷爷呢，出门的时候，总是一脸傲娇地挽着妻子的手，脊背挺得直直的。哪怕现在 70 多岁的他们已经满头银发，但是只要和我姑奶奶在一起，姑爷爷的目光都没有离开过姑奶奶。

今年过年，我们去看望姑奶奶，姑奶奶对我们一帮女性小辈说："你们这些女孩子啊，还是要像我学习，记得打扮下自己。尤其是结婚之后，女人还是男人的脸。只有你打扮得漂亮，男人脸上也有光，才更愿意带你出门。"

我们一众小辈连连点头，表示受教了。

4

很多女人进入中年之后，可能是夫妻在一起时间久了，都会放低对自己的要求。

而这个时候，也是夫妻关系最脆弱的时候。别忘记了，男人也是视觉动物，如果你不够光彩照人，甚至邋里邋遢，那么总会有比你美的女人来吸引他的目光。

一个女性读者曾经和我说过她的故事。婚前她也是一朵漂亮的花儿，但是婚后，随着双胞胎儿子的出生，她每天忙得睡不好，吃不好，更没有时间打扮自己。

两年，她的白头发都开始出来了，她看上去苍老了好几岁。比这更严重的是，她老公和单位的年轻女同事玩暧昧。

当时，这位女读者又崩溃，又恨。她辛苦地照顾孩子，为了这个家累死累活，老公竟然还有花花心思。

她找老公吵架，却没有想到，那个男人说："你去照照镜子，看看你自己现在变成什么样了。你怪我，难道你自己就没有责任吗？"

真的很"扎心"。

记得女作家晚情曾经说过："男人变心都是从女人的脸开始的，所以女人要时刻记得好好打扮自己。不一定是为了取悦男人，而是要让自己有个明媚的心情，自信爽朗的女人，走到哪里都能吸引优秀的男人。"

我们想要得到别人的爱，一定要先爱自己，而打扮自己，也是爱自己的一种方式。

所以身为女人，请你一定要记得好好打扮自己。不要做懒女人，而要做一个好好打扮自己的精致女人。这样面对生活，你才有更多选择的余地！

学会拒绝，
就是对自己负责

1

晚上，难得没课，我正在看书。

突然洛洛给我打来电话，我本不打算接，但是她不依不饶地，我只能接起来，想着速战速决。

洛洛说："鱼，我受不了，我想辞职。今天我那个同事，又让我帮她处理事情。结果到了下班，我的工作还没有做完。她倒是好，在我的帮忙下，早早完成任务，下班回家了。可怜的我啊，这会儿还要加班。"

我说："你呀，不是你的工作，你干吗不拒绝？"

洛洛说："我不好意思啊，毕竟都是同事嘛。我又不好一开始去就把关系闹得太僵。"

我冷静地说："你有没有想过，别人就是吃准了你这一点，所以就找你帮忙。如果你学不会拒绝，以后还有你累的时候。"

洛洛还想说什么，我看看时间，知道她又要试图说服我，所以我找个借口挂了。

2

洛洛是个善良的女孩儿，心眼儿特别好，谁找她帮忙她都不会拒绝的那种。但是正是她的这种"好脾气"，给她带来了很多麻烦。

有一次，我和她聚会，正在吃饭。一个朋友给她打电话，说自己失恋了，问洛洛能不能去陪陪她。洛洛其实不愿意去，因为那个朋友住的地方有点儿远，过去要两个小时的车程，洛洛原本打算下午好好休息的。

结果她并没有说出拒绝的话，只是犹豫了一下，就说："好，我一会儿过来。"

我说："你明明工作了好几天，挺累的，想要休息。那么就找个借口拒绝就好了，何必为难自己呢？"

洛洛说："没有办法啊，我说不出来。一想到她失恋了，身边连个朋友也没有，我就不忍心。"

我狠狠地对她说："你啊，迟早会被你的不忍心给拖累。"

其实细想之下，我们的生活中，有不少洛洛这样的人，包括我自己。

这类人最大的特点，就是不懂得拒绝。

今天有人央求她给朋友圈点赞，明天有人让她帮忙带东西，后天有人让她陪玩儿、陪逛街。

明明自己很忙，并不是太有时间，但是到嘴边的拒绝，却变成了同意。结果呢？给自己惹了一堆麻烦。

休息不好，心情就不好；帮别人带东西，要绕很远的路，路上堵车，结果去晚了，还被人抱怨，真的很冤枉；明明不想逛街，被迫去了，也是兴趣寥寥，觉得对不起自己。

很多人就是这样，被自己愚蠢的善良绑架了。

他们害怕拒绝了别人会让别人不开心，但是却没有想过自己。为了取悦这些人，去做了不喜欢或者压根儿不想做的事情，就会让自己为难，让自己不开心。

所以说，我们该拒绝的时候，就要拒绝。否则，就会后患无穷。

3

以前我也是个不懂得拒绝的人。

很多学员私下会让我帮着点评文章，甚至向我发送各种求帮助的信息。我确实想帮他们，让他们变得更好，但是微信信息太多了。

有时候回复一个人，甚至还要安抚他，一个小时不知不觉就过去了，甚至不知不觉，一个上午就过去了。

而我的工作还没有做完，我要写的文章还没有写，要修改的课件还没有修改。

当我帮完别人再去做这些事情的时候，因为计划被打乱，我就会非常焦虑，完成得并不是太好。

时间久了，每天我都觉得自己是忙乱的。看似一天，我陪伴了很多人，帮他们解决了很多问题，但是自己的问题，却越积累越多。

我越来越沮丧，越来越焦虑。

痛苦得不行的时候，我就把先生当作垃圾桶，向他倾诉，说我的苦恼。

他很淡定地帮我分析，说："很简单啊，你要学会拒绝。每天你要记得最重要的事情是什么，肯定是你自己的计划对不对？那么就先完成你的计划。至于学员的忙，肯定是要帮的，但是你可以放一放，和他们约定一个你方便的时间。这样的话，既能帮他们解决问题，你自己时间也方便，皆大欢喜，何乐而不为呢？"

我觉得先生分析得很有道理，所以后面我就按照他教我的方法来做。

有一天早晨，我刚在公交车上坐下，准备浏览一下别人的文章，找点儿灵感，便收到了一个学员让我帮他分析文章的请求。

我想了想，这时候，我没空。但是晚上七点多，下班回家，我有空。就和他约定，让他晚上七点半来找我。

说的时候，我的心情是忐忑的，毕竟这是我第一次拒绝别人。但是令我开心的是，学员并没有不开心。他很痛快地说好，当天晚上七点半，他准时找我。花了二十分钟的时间，我帮他解决了一些困惑。

他很开心地感谢我，我自己也觉得很舒服。

原来有时候拒绝别人，并不是一件很难的事情。

有了这个良好的开端，后面再拒绝别人，我就会很淡定。

三毛曾经说过："不要害怕拒绝别人。因为当一个人开口提出要求时，他的心里根本预备好了两种答案，所以给他任何一个其中的答案，都是意料之中的。"

所以说，不要做一个烂好人，该拒绝的时候，一定要学会拒绝。

4

但是在我们的生活中，不乏曾经的我和洛洛那种不懂拒绝的老好人。心理学上有个专门的概念，把这类人叫作"圣母型人格"。

这种人，在外人看来，热心、善良，但是对于他们自己而言，很多时候却充满痛苦。

那么如果才能摆脱"老好人"的标签，学会拒绝呢？

第一，要学会说"不"。虽然刚开始会比较艰难，说"不"的时候，会于心不忍。但是有了第一次，尝到了拒绝的甜头之后，你会爱上这种感觉的。

第二，不要怕得罪人。很多人不敢说"不"，就是因为害怕得罪人。你要知道，学会拒绝，其实是对自己的尊重，也是对他人的尊重。如果你勉强自己去做你不愿意的事情，肯定是做不好的，你会带着情绪。所以只要沟通好了，对方都会表示理解的。

第三，不多作解释。很多人拒绝别人的时候，觉得自己像是亏欠别人似的，就会忍不住想要拼命解释。越解释，越苍白，越无力。所以要明白，你不欠谁的。拒绝了就拒绝了，简单明了，不纠结，你自己也会快乐很多，对方心里也会舒服。

第四，拒绝要干脆。如果是你不愿意去做的事情，没有必要给别人留希望，然后又让人失望。还不如一开始就干脆点儿，做不到就是做不到。

从今天起，不，从现在起，就让自己学会拒绝吧。

要知道，学会拒绝，不仅仅是对自己负责，对别人来说，也是一种尊重。

活在世上，本就艰难，很多事情，都身不由己。但是我们还是要尽量给自己一些选择，遵从自己的内心，这样才能活得更加舒服，何乐而不为呢？

只要热爱，
成功就离你不远了

1

先生从网上买了大番茄，说是要回味儿时的味道。

番茄又红又大，拆开包装，他赶紧洗了一个，想要解解馋。结果吃了两口，他就说，感觉不好吃，真的不如三舅当时种的好吃。

早就听老公说过他三舅年轻时候的事儿。那时候三舅是个菜农，三舅家的菜总是比别人家的长得好。就连西红柿的个头都比别人家的大很多，西红柿秧子也是又高又壮的。

老公经常去外婆家玩儿，那些又大又红的西红柿，成了他儿时温馨又美好的回忆。

只是后来为了养家，三舅不再种菜，而是和舅妈一起南下打工去了。

这些年，老公每每想起三舅家的西红柿，都是口水直流。所以在网上看到同样又大又红的西红柿，他毫不犹豫地买了，结果却是大失所望。

吃了半个，先生就吃不下去了。他想了想，说道：

"我终于知道，当时我三舅家的西红柿为什么好吃了。因为我三舅真的是热爱，他为了自家的菜地起早贪黑地忙碌。除草，施肥，真的是花了十二分的心血，所以那些瓜果蔬菜都知道回报他。

"那时候很多人对三舅的行为并不理解，觉得他一个年轻的小伙子，干吗跟菜地耗上。就连外婆也不理解，想要三舅出去打工，多赚点儿钱，好盖房子，娶媳妇。

"结果三舅，硬是一头扎在他的蔬菜上。周围的人，都在靠天收，三舅却跑去市里的书店，东找西找地买回来几本种菜的书。

"周围的人没少笑话他，觉得他把心思花在这上面完全是浪费。但是挑灯夜读的三舅依然沉迷其中。

"可惜三舅没能坚持到最后，最终他还是向生活妥协了。"

但是他曾经的那份热爱，还有那又红又大的西红柿，却给我家先生留下了深刻的印象。

从三舅的身上，我们也能看出来，对于自己想要坚持的事情，只要满怀热爱，肯定会收获回报的。哪怕花草不语，但是它们却懂得你热爱它们的心。所以它们回报你的会是硕果累累。

2

认识一个搞教育的朋友，她和我说过她小时候的事情。

朋友很小的时候，就喜欢数学。为了打发时光，她妈妈给她买来很多练习题。她每次都可以做大半天，认真解答完。

哪怕是后来高难度的几何，她也保持着浓厚的兴趣。

周围的很多同学都不理解她，觉得多枯燥啊。尤其是假期，不出去玩儿，就在家里做数学题，无趣得很。

但是她告诉我，她是真的沉迷其中。觉得每天做题，很快乐，很舒服。一天不做，心里反而空落落的。因为她是真的热爱。

因为热爱数学，这位朋友从小学到高中，都是数学成绩最优秀的那一个。

甚至在高中的时候，她还干过为了攻下一道竞赛题忘记吃饭的事儿。

读大学和研究生时，这位朋友学习的都是数学系。别人都不能理解，但是她却觉得很快乐。

直到自己养育孩子，她才慢慢地转战育儿领域，同样也是因为热爱。

现在她已经创办了自己的教育机构，事业有成。

朋友说，回忆这些年她做的每一个决定，都和热爱有关。

热爱一直指引着她，让她选择合适的，选择自己喜欢的，甚至让她专注自己喜欢的领域，深挖。

是的，热爱是一个人坚持的最好动力。

三毛也曾经说过："真诚与热爱，是我永不放弃的品质。"

只有真心热爱，愿意花时间和精力去做某件事，那么成功的概率就会增加很多。

3

我们有个学员，每天坚持写故事。

那个月31天，她写了31篇故事，最短的故事是3000字，一般都是4000多字。

她过稿30篇。

我问她是怎么做到的，太厉害了。

她告诉我，是因为喜欢写。

因为喜欢写故事，写起来很放松，她就把写故事当作最好的休息和自我调剂。

每天早晨提前一个半小时起床，用来写故事。

并且在上我们的培训班之前，她在某个平台，已经写了十几万字的故事了。那时候还没有稿费收入，为的不过是内心的那份热爱。

一个人只有热爱，才愿意坚持，才愿意在没有回报的情况，依然生机勃勃地去奋斗。

仔细想想，我自己写作也是这样的。

最开始也是因为热爱，我在 QQ 空间每天写一篇随笔，想到什么就写什么。

不管有没有人看，有没有人点赞或者为我喝彩，我都坚持写。

写了就觉得自己很开心，很舒服。

的确，热爱了，就会心心念念地去做，不求回报。

哪怕没有任何支持，也会坚持去做。为的就是内心那点儿念想。

当然，你把时间花在哪里，成就就会在哪里。只是回报时间的早晚不同罢了。

但是热爱，足以让你熬过漫漫长夜，熬过那段黑暗又艰辛的路，甘之如饴地往前走，一直走到自己向往的地方。

4

有很多人在遇到事情的时候，会感叹自己时运不济，只有别人能成功，自己不能。

所以怪自己没有天赋，怪自己技不如人。

可是有天赋的人毕竟是少数，很多人取得成功，靠的都是满腔的热爱。

因为热爱，所以愿意无条件地为之付出，为之努力。

不过生活是艰难的，很多人的热爱，都因为各种原因被打断。

但是只要是真心热爱，机缘巧合下，还是会重新捡起来的。

并且只有是真心热爱，人们才会拼尽全力去做。哪怕没有条件，也会想办法给自己创造条件。

所以大胆地去热爱吧，对于自己想做的事情，自己喜欢的事情，你有什么理由不去努力呢？

只有热爱，你才会愿意为之花费时间，愿意为之付出一切。

有了热爱，成功，就离你不远了！

只有不断地成长，
才是真正地对自己负责

1

小雪的老公大她 12 岁，是三婚，小雪本来以为，嫁给一个比自己大的男人，婚后会过得比较幸福。

但是她越来越发现，这个男人没责任没担当，两个人是三天一小吵，五天一大吵。小雪说，不知道自己该不该离婚，她同时又抱有一丝让他变好的希望，但是她也知道自己估计会失望。

说到最后，小雪说，都怪自己的原生家庭，不然自己现在肯定不是这个样子的。

小雪有两个哥哥，父亲脾气不好，她和哥哥小时候只要犯一点儿错误，父亲就会狠狠地揍他们。所以从小她过得就很压抑。并且不管她和哥哥们想做什么，父母给他们的总是打击，而不是爱和肯定。

因为这个原因，她从小就缺乏自信，也缺爱。但是她也说，这些特征，在哥哥们的身上没有表现出来，就她比较严重。

第一次高考，她考上了自己喜欢的学校，父母嫌学费贵，不让她上。第二年，她又考，考上的学校却不是自己喜欢的。所以从那之后，她觉得自己事事不顺。

在大学里她谈了个男朋友，后来发现男友是个骗子，她可怜他，没有分手。知道这个男朋友和别人暧昧，她才选择分手。

大学毕业后，她遇到了第二个男朋友，他也是个骗子。被她揭穿之后，两人分手了。

再后来，她一直遇不到合适的。尽管她长得不错，身材也好。

2

2016 年，她遇到现在的老公，这个男人离婚两次。小雪觉得这样比自己年纪大的男人，能给自己安全感。所以她迫不及待地投入到这段感情里面了。

渐渐地，她发现这个男人脾气也非常暴躁，男人一次次对她发脾气，他们分分合合。男友的母亲生病的时候，她还让这个没有工作的男人去刷她的信用卡。并且小雪还帮这个男人贷款去投资。

两人后来又因为钱的事情纠缠不清，更没法儿分开了。

就是这样一个男人，她还是嫁了。谁知道，婚礼当天，因为她反对男人酒驾，男人当时就揍了她。

小雪说自己和这个男人完全是三观不合，不见的时候想念，见的时候又要吵，所以她也受不了。

她想离婚，却没有勇气。因为她太害怕适应了。这些年，她工作一直不稳定，也没有存下钱。

说到最后，她还在怨恨她的原生家庭，觉得都是父母的错。

我说："你现在也是成年人了，都快 30 岁了。你应该想想怎么去改变自己。你的原生家庭，确实有一些问题，但是现在最大的问题是你自己不愿意成长。"

小雪不作声了。

3

记得曾经看到过这样一句话：让"原生家庭"做万能背锅党，其实本质是我们还没有真正长大，还没准备好独立而勇敢地挑起成长的重任。

小雪一再遇到渣男，前面两任，没有结婚，咱们就不分析了。

这个和她结婚的三婚男人，婚前表现出来的种种，就足以说明他不是一个好的结婚对象。

但小雪还是怀抱着改变男人的梦想，走进了婚姻的"坟墓"。

结果，她不仅改变不了男人，还一直自我欺骗，自我幻想。在这样的挫败下，她反思了自己，觉得种种都是原生家庭的错误，是因为自己没有像别人一样有好的父母。

可是她也明白是自己害怕适应，所以才有各种纠结。无力解决自己的困境，所以她觉得一切都是原生家庭的错误。

其实，说到底，一个女人，最重要的是自我成长。而人生，最不能放弃的，是不断地自我成长。

小雪的根源问题，还是自我没有成长。

作为一个成年人，她还没有学会对自己负责。

4

有句话说：我们的潜意识里不只是有创伤，也蕴含着自我成长的巨大能量和愿望。

关键是看你想不想改变自己。

没人对你负有责任，你只能自己对自己负责。并且你也无法改变别人，你能够改变的只是自己，所以自我成长，是非常重要的。

认识一个叫小清的朋友。她原生家庭也非常糟糕，父亲嗜赌，母亲强势。她从小听到最多的，就是父母天天的争吵声。

小清考大学的时候，特意从北方去遥远的南方。为的就是逃离这样的家庭。大学四年，她也只回家了两次。

毕业后，小清嫁给了自己的大学同学。当她开始养育孩子的时候，她才发现小时候原生家庭的一些问题还是影响了她。甚至她还出现了产后抑郁的症状。

这时候，她想到的不是抱怨，而是去学习。她主动去学习了心理学，甚至去做心理咨询。慢慢地，她一点点地放下过去。

为了调整自己，小清捡起来了自己的爱好——写作。越写越轻松，越写越能放下。慢慢地，她的心态变得越来越阳光。

前不久，她还出版了一本新书。

现在的小清活成了我们都羡慕的样子。

但是我也明白，她一点点地克服自己的缺点，鼓励自己去学习，去自我成长，这个自我修行的过程，肯定是不容易的。

但是路是自己走出来的。小清对自己的人生负责，所以，她现在为自己撑起了一片蓝天。

5

　　不记得在哪里看到过这样一句话：人伟大的地方，也在于，我们能通过自我学习，慢慢地，缓缓地，一点点地，松动原生家庭带来的魔咒，恢复健全的自我，再给予他人以真正的爱。

　　而生而为人，我们的优势，就是自我成长。

　　只有自我成长，我们才是真正地对自己的人生负责。

　　而只有勇于对自己负责的人，才能积极上进，更加努力地完善自己，让自己的人生变得更加美好！

讨好别人，
不如取悦自己

1

　　琳琳是我公众号的读者，她给我发信息说想找我聊聊，说她现在真的很犹豫，不知道这段感情还要不要走下去。

　　琳琳和男友是大学同学，上学的时候，他们之间没有擦出爱情的火花。反而是大学毕业之后，因为都留在武汉，并且租住的地方比较近，两个人随着交往增多，日久生情，就在一起了。

　　如今他们已经恋爱四年了，元旦订了婚，打算国庆节举办婚礼。

　　本来他们的感情已经非常稳定了，但是三月份，琳琳突然升职加薪了，当了一个小领导。这时候，男友和她之间的感情开始渐渐变了。

　　没有升职之前，琳琳和男友感情非常好。各种节日，他都会给她送小礼物；他们每天下班一起买菜做饭；周末去看场电影放松一下。

　　自从琳琳升职之后，她的工作忙碌了起来，有时候甚至要去外地出差或者加班。为了照顾男友的感受，琳琳不管是加班还是出差，都坚持给男友发信息，提醒他要照顾好自己。

但是男友却对她非常冷淡，甚至对她的信息视而不见。琳琳虽然伤心，但是这段感情她也付出了很多，她还是想和男友走到最后，所以她总是尽量抽时间陪男友。

男友并不领情，有时候还会对她冷嘲热讽的。男友越是这样，琳琳越是怕失去他，就更是放低姿态，想要拼命地讨好他。

但是琳琳发现，好像她的种种努力，反而适得其反。

她一直在想：是不是因为自己现在涨了工资，每个月15000，比男友高了太多，所以伤了他的面子，让他不开心？

琳琳甚至想：要不，自己换份儿工作，工资低点儿，是不是男友就不会这样对自己了？是不是这样他们也能开开心心的，关系恢复从前，自己也能够如期嫁给他？

如果照现在这样发展下去，琳琳觉得他们估计撑不到国庆节就要分手。

但是辞职吧，琳琳心底又舍不得。她可以迁就男友的一切，甚至忍受他对自己的冷漠。但是现在的职位，却是她辛辛苦苦闯荡出来的。她为之付出了很多。

2

我有时候其实很害怕别人问我感情的事情。因为当局者迷旁观者清。有时候其实当局者并不迷，他们只是不愿意去选择，他们很为难，想要从我这里寻找支撑自己的力量。

可是他们忘记了，遵从自己的内心才是最难的。

像是琳琳忘记了，与其拼命取悦男友，挽留感情，不如取悦自己，让自己变得更美好。

因为我们控制不了别人，有时候付出未必会有收获，但是工作不会，只要你努力了，最后很大概率会收获你想要的。

二十来岁的时候，如果碰到这样的感情问题，我可能也会和琳琳一样忘了自己，只想变成他喜欢的人，而不是自己想要的样子。

这样做的结果是什么呢？只会让这段感情死亡得更快。

因为当你失去自我，变得面目全非，对男人拼命讨好时，他们反而觉得你没意思，更加不会珍惜你。

就像琳琳的男友这样，现在琳琳放低姿态拼命地示好，对他的种种好他都视而不见。最终伤心的还是琳琳。

不是琳琳不够好，一个女孩子，通过自己的努力升职加薪，本就是正常的事情。男友冷淡，那是他的原因，而不是琳琳的原因。所以琳琳真的没有必要放低姿态取悦他。

靠讨好而得到的感情，都不会撑太久的。最后不是琳琳累了，主动放弃；就是男友厌倦，不顾一切地放弃。

所以我的建议是，顺其自然，彼此冷静，然后琳琳花更多的时间来取悦自己。只有变成了更好的自己，她才能有更多的选择，有更好的选择，视野也会更开阔。变成了更好的自己，她会明白，自己的人生有无限种可能，并不是非这个男人不可。

3

有句话说：讨好别人，不如取悦自己，人生有千百种模样，都不如你忠于自己的模样。

我的好友楠楠就是一个这样的女子。

楠楠是个风风火火的爽朗女子，大气，独立。婚前，她老公特别喜欢她的这几个品质。

但是结婚后，刚开始他们的新房还没有交付，所以只能和公婆一起住。

老年人嘛，肯定希望自己的儿媳妇稳妥淡定优雅一些。外向的楠楠完全不搭边，她一开心起来，就和老公称兄道弟的。

公婆很是看不惯，私下没少和她老公说，让他劝她收敛一些。

楠楠不想和公婆闹得太僵，所以按照他们的要求假装淑女。那段时间，我发现她整个人都是有气无力的。她说太痛苦了，完全不是自己。

我本来以为她还要装很久的，最起码要等新房子交付，他们顺利入住。谁知道，楠楠坚持了一周，就找她老公谈判了。

楠楠问她老公喜欢她什么，老公答道："热情、开朗、活泼，以及大气。"

楠楠说："你看我现在还活泼吗？每天要在家里装成不喜欢的样子，讨好你父母，让你好做人，我过得太痛苦了。如果你还想和我一起过，我们就出去租房子吧。宁愿花点儿房租，也不要委屈我自己了。如果你觉得受不了，那我们就一拍两散吧。反正我不想去讨好你爸妈了，你看着办吧。"

第二天，楠楠就联系中介，出去租房子，打算搬出去。好在，她老公还比较明事理，选择和楠楠一起搬出去，周末抽空回去陪老人吃顿饭，这样双方都舒服。

而楠楠在自己租来的房子里，也能自在地做自己。我忘不了这件事后楠楠和我说的那句话：我努力了这么久，就是为了让自己快乐点儿，而不是为了讨好别人。不然，我那么努力，是为了什么？

现在的楠楠虽然是3岁孩子的妈，但是她依然明媚，阳光，快乐！公婆虽然曾经生她的气，但是最后也选择了理解。

回首往事，楠楠说："幸好幸好，我没有放弃自己，去让自己成为别人喜欢的样子。不管那个人是公婆还是老公，还是我爸妈都不行，那样太压抑了。还是我现在这样最舒服。"

是的，坚持忠于自己的模样，让自己快乐起来，美好起来。这样的你，才是真正的你，是你自己喜欢的你，也是最美的你！

4

想对那些在爱情或者婚姻里，拼命放低姿态讨好别人的女人说：最好的感情，是让我们成为更好的自己。

这句话是高晓松在《奇葩说》里说的。

如果你拼命地讨好别人，取悦别人，只会迷失了自己。最终让自己变得面目可憎，感情也会随之消散。

只有取悦自己，以自己喜欢的样子活着（哪怕有时候也有委屈，需要我们妥协一点点），才会赢得别人的尊重。

从现在开始，让我们努力取悦自己吧。这样的话，你的人生会变得更加美好，你的生命会散发出光芒。而你的美好，对他人来说，也是一种赏心悦目。

Part
3

那些走过的捷径，最终会变成

绝境

我们一定要做靠谱儿的人。不管能力如何，你的态度一定要好，这样的话，你才能赢得别人的信任，给自己争取更多的机会。

　　并且靠谱儿也是对自己的人生负责。你越靠谱儿，别人就越看重你的这种能力，你收获的就越多，得到的机会就越多！

真正聪明的人，
都懂得接纳自己的不完美

1

在上心理咨询基础课程的时候，认识了一个叫小媚的姑娘。

她参加心理咨询的课程，不是为了给别人做咨询，而是为了纠正自己。因为小媚一到人多的地方说话就会脸红，声音就会很小很小。

她每次越是想控制自己，反而越控制不住。最后的结果，必然是脸更红，心跳加快，声音加快，甚至结巴。

刚开始，我们在课堂上轮流发言，我确实见过这样的小媚。如她所说，因为大家都是学习心理学的，所以了解到她的情况后，在她发言后每次都给予最热烈的掌声，以示鼓励。大家试图通过掌声给她带去一些自信。

那次的课程，持续了三个多月，到课程结束时，小媚的情况有所改变，但并没有太大的改观。

课程结束之后，因为都喜欢写点儿东西，所以小媚加了我的微信，我们一直保持着联系。

2

不久前，小媚邀请我去参加一个读书分享会，说是有惊喜。

等我去了才知道，小媚所谓的惊喜，就是她在分享会上说话脸不红了，虽然声音还是不算大，但是她表达流利，不再结巴，脸上也洋溢着自信。

等她分享完，回到座位上的时候对我说："怎么样，鱼姐，我厉害吧？"

我点头，真心为她感到开心。

分享会后，我和小媚边走边聊。我问她是怎么克服自己的紧张的。

小媚说："很简单，接纳自己的不完美，不再和自己较劲。"以前的时候，她越是知道自己的状况，越是提醒自己，不要脸红，不要结巴，但结果往往适得其反。

后来她学着不去在意，尽量不让自己去想，就是顺其自然，大不了还是脸红，又没有什么。

没有想到，全然放松下来，她反而变好了。当然，这中间小媚肯定也是经过很多次挣扎的。

曾经看到过这样一句话：如果我们觉得自己不够好，就不会接纳自己。不接纳自己，就会暗中跟自己较劲，不得安宁，当遇到困境和挑战时，就难以获得足够的支持。

周国平也曾经说过："人生许多痛苦的原因在于盲目较劲。所以，你要具备不较劲的智慧，你要认清自己的禀赋和性情，在人世间找到最适合自己的位置，不和别人攀比。"

只有我们学会不和自己较劲，全然接纳自己，学会和自己相处，才能真正地心想事成。

是的，我们要先接纳自己的不完美，才能去完美。

3

去年年底，我有段时间特别忙，忙到焦虑。

每天我要负责四个公众号的审稿，还要写文章，以及做公众号的排版和互推，还有其他的杂事儿。

每天忙得都像是在打仗。白天上班，一分钟都不敢耽搁；下班回到家里，有时候还要讲课。

忙碌让我没有空闲时间，让我没有时间自我成长，也没有时间陪伴家人，更没有时间自我放松。我的整个人好像都陷入一种负能量的恶性循环当中。

之前我一直以为自己很强大，再多的工作，对我来说都不怕。再烦琐的事情，我也能一点点地给理顺了。

但是那时候我才发现自己的无力，也发现自己其实特别无助。只是我没有办法改变自己。

年底和朋友聚会，聊到我的工作时，朋友们都建议我找个助理来分担一部分工作。这样，我才能腾出手来做主要的事情。不然的话，我的生活会是一团乱麻。

回家的路上，我在心里分析了自己。我爱逞强，不喜欢麻烦别人。能自己做的，绝不会假借他人之手。

这既是优点也是缺点，尤其是在事情特别多的情况下，我这样要强，只会让自己更累。

我能做的是接纳自己的不完美。我确实不是女超人，很多烦琐的事情，我确实有点儿无能为力了。我确实需要一名助理，助理能帮我排版、校对，并且能帮我做稿子的一审。做好这些，能给我节约时间。

想通之后，我不和自己较劲了，立马让周围的朋友帮我推荐靠谱儿的助理。后来助理上岗，她的帮忙，确实减轻了我的很多负担。让我能够轻装前行。

后来我想，幸好我接纳了自己的不完美，明白了自己一天的时间只有那么多，能力只有那么大。不然的话，我的状况只会更糟糕。

4

我们有个学员文章写得特别好，但就是产量不高，可以说非常低。

有一次我听她分享经验。她说，她也曾经羡慕别人一周可以写四五篇文章，并且都能过稿。

她也曾经和自己较劲过，想要多写点儿。但是她发现在执行的过程中，她很痛苦。因为她本就是个随性的人，平时没事儿喜欢多看书。

所以后来，她和自己和解："我就是这么散漫的一个人，不喜欢紧张的生活。写文章，随性写就好了，不把写文章作为自己的压力。"

不久，我就见她出了一篇爆款文。那篇爆款文，让她一夜之间就红了，她的公众号也收获了无数的粉丝，约稿也多得写不完。

有一次我和她聊天，问她那么多的约稿怎么办。她说，自己都拒绝了。还是喜欢随性写，自己开心，写出来的文章质量也高。

因为她知道自己的本性，所以才不去和自己较劲。

世界上没有什么过不去，只有自己和自己过不去。很多时候，我们回过头来看看自己的那些烦闷、焦虑、纠结，其实都是自己在和自己较劲。

每个人都有短板，短板就是短板，要敢于接纳自己的不完美。

刘同在《谁的青春不迷茫》中说过："要强似乎并不是一件好事，

谁要干什么干什么就好了，千万别和其他人较劲，不然只是降低了自己的等级，拖累了自己。"

自我接纳的核心是接纳自己不完美的部分，尤其是自己的弱点和缺点。

而我们能做的是改变可以改变的，接纳不能改变的。

我就是我，是颜色不一样的烟火。只有接纳自己，我们才能让自己发出璀璨的光芒！

你越靠谱儿，
就越幸运

1

有段时间，我想找一位兼职排版的编辑。打听了很久，找到一位符合我要求的姑娘，其实我也认识她，人看起来是不错。

但是在用人之前，我还是想打听下她的工作能力怎么样。

正好她之前也给一位朋友帮过忙，于是，我开门见山地问朋友："这个姑娘的工作能力如何，人品怎么样？"

结果朋友说："不建议用她，因为她不靠谱儿。之前给她安排的工作，总是做得拖拖拉拉的。有好几次，发文之前，我要临时修改，竟然找不到她人。最后实在是没法儿用了，才让她辞职了。小姑娘人看起来是很好，很热心，就是干活儿不靠谱儿。"

一听说不靠谱儿，我就心里发怵，不再找她。

在职场上，一个人最重要的能力就是靠谱儿。靠谱儿，代表的是一个人对工作的责任心。

你只有认真、踏实，机会才会越来越多。

2

后来我找的兼职排版编辑，是一位同行推荐的。

同行说，这个姑娘虽然不爱说话，但是特别靠谱儿。每次交代她的事情，她不仅完成得很好，甚至有时候会给人惊喜。

等真的开始和她合作，我才发现她的靠谱儿。

比如说同样是排版，她接手我的公众号之后，帮我重新设置了好看的版式。每次我的文章，她都要校对好几遍，有拿不准的字词，她还会和我反复确认。

我有点儿随性，但是她很严谨。她帮我做了很多表格，互推的，广告的，还有其他安排的。这些表格看起来一目了然，比我胡乱地记着看起来清楚多了。

有时候临时有工作安排，导致她先前的排版都浪费了，我从来没有听到她抱怨过一句。我给她红包，她也不收，说这是她分内的工作。

有这样一位能干的助理，尽管她只是兼职，却让我省时又省力。

她很靠谱儿，所以到后来我也放心地把其他的重要工作交给她，她的待遇也是一涨再涨。

前几天，助理还说她的朋友们都说她在我这里兼职很幸运。

我说："你要告诉他们不是你幸运，是你一直很努力，很用心。"

工作中，其实你付出多少，有多用心，大家都是看在眼里的。只有做事靠谱儿，认真对待工作，人生才能够"开挂"。

3

表姐曾经和我说过她家钟点工的事儿。

她家的钟点工，是她的一位领导推荐的。领导一家打算移民，原本服务于她家的钟点工，空出来一个时段。

正好表姐要找人做晚饭、做家务，所以领导毫不犹豫地把这位钟点工推荐给了她。

领导说："她在我家干了六七年了，真的很靠谱儿。如果我不是移民，我才舍不得把这么好的人介绍给你。"

之前表姐对这位靠谱儿的钟点工只是耳闻，等真正地开始接触，她才发现她的好。

原本这位钟点工不太擅长川菜，但是一个菜，她看表姐做一次，下次做出来的味道准是差不离的。

有一次表姐问她是怎么做到的，她说自己回家也有练习。就拿表姐最喜欢的水煮鱼片来说，她看表姐做了一次，自己回家也在手机上照着菜谱尝试，不断地改进，以便做得更好。

表姐有洁癖，钟点工知道后，每次动了表姐家里的东西，一定会还原。并且尽量把家里收拾得干净整洁，东西都按照原来的位置摆放。

有这样一位好的钟点工，表姐省心很多。并且表姐主动给她涨了工资，因为听说很多人找她去干活儿，表姐怕她被抢走了。

其实，不管是什么工作，只要你做到极致，那么必定会受人尊敬。

如果你不靠谱儿，拖沓，懈怠，再好的工作机会也是轮不到你的。

4

不管是在职场还是在生活中，我们都会遇到这样靠谱儿的人。

当然也有很多不靠谱儿的人，比如对待工作马马虎虎、得过且过的人。他们从来没有想过怎样才能把事情做得更好。

并且抱着得过且过的心态，也是做不好事情的。

凡事，一旦你开始应付，那么它们也会应付你。

为什么有些人一直升职加薪，混得风生水起，而有些人，就是扶不起来，哪怕有再多的机会，他们也把握不住？

关键就在靠谱儿上面。

一个做事靠谱儿的人，给别人的感觉就是踏实，值得信赖。比如说，我的助理，我就很信任她。

反之不靠谱儿的人，不管他做什么事情，我们内心总会产生怀疑，他能做好吗？

一个人一旦给别人不靠谱儿的感觉，那么后面是很难改变这种印象的。

所以说，我们一定要做靠谱儿的人。不管能力如何，你的态度一定要好，这样的话，你才能赢得别人的信任，给自己争取更多的机会。

并且靠谱儿也是对自己的人生负责。你越靠谱儿，别人就越看重你的这种能力，你收获的就越多，得到的机会就越多！

你若自律，
人生无敌

1

最小的表妹琳琳今年大四，打算考研。

我问琳琳复习得怎么样，她说："姐姐，我好痛苦！"

我说："要是学习累了，可以适当地休息一会儿啊，不要把自己逼得太紧。"

琳琳说："我看书的时候总走神，效率太低。一会儿想着看手机，一会儿又想吃东西，一会儿又有室友让我陪逛街，所以我越来越焦虑。姐姐，你说我是不是还是老老实实地找份工作算了，我觉得我就不是读书的那块料。"

我说："你得调整一下，规划好自己的时间。比如说，你这一上午，给自己定个计划，几点到几点复习什么。复习完了，再看手机，再去和同学一起玩儿也不迟。"

表妹还是觉得很苦恼，害怕自己做不到。因为她知道自己不够自律。但是我让她尽力去做。

2

和表妹刚聊完天，正好看到我们学员群里，一个叫浅浅的学员说她签约了两个非常大的平台，单篇稿费可以达到1000。

群里一片恭喜声。恭喜完，不少同学问浅浅是怎么做到的。

我也很好奇，因为浅浅在众多学员中，资质并不出众，在群里"冒泡"并不多。现在她能够取得这样的成绩，必然有过人之处。

接下来，我看到浅浅分享的她的经验，就是最笨的办法——坚持写，坚持阅读。

浅浅说她每天早晨5点起床，5点到7点之间写文章。写完之后，收拾下，准备去上班。

上班路上，她坐地铁，就在地铁里面浏览别人的文章，学习别人的技巧。

下班回到租住的小屋，吃完饭，洗漱完毕，浅浅会在9点到10点，雷打不动地阅读一个小时。

她的生活特别简单，上班下班，写文，阅读。很多时候朋友邀请她逛街，吃饭，她也去。

就这么埋头写了大半年，废稿子不计其数，但是她还是走出来了。最近相继有不少平台找她签约。

听她这么说，我悄悄地去她朋友圈看了一下。她最近发的文章，确实进步非常大。文笔比以前要好，文章也比以前有深度。

所以才有那么多的平台找她约稿。

3

我们不少人都喜欢给自己找借口。比如说，今天就让自己玩儿一会儿，然后一玩儿，一放松，事情就做不了了。后面再要捡起来这股拼劲儿，又需要下一番功夫。

有些人甚至因为一次放松，就彻底放弃。

所以我们要对自己要求严格一点儿，就像浅浅一样。只有这样，时间长了，自律才能成为一种习惯。

现在的浅浅，一天不码字，心里就会空落落的，总觉得自己有个事情没有做。做完了，心里才舒服。

当自律成为一种习惯，一种生活方式之后，你的人生也会因此变得更加完美。

其实每个人最大的敌人就是自己。自律，就是一种自我完善的过程，是自己发动并且战胜针对自己的战争。

你战胜了自己，那么你得到的将会越来越多。

但是人最难的，也是战胜自己。

4

今年春天，我参加一个减肥训练营，为期 56 天。

这 56 天，要求我们每天在群里晒自己的减肥餐，每顿都要打卡，并且教练对食物的控制非常严格，精确到每顿吃多少克。

前面有很长一段时间，我没有做到。因为每天下班回家，已经够累的了，有时候还要加班。

然而我对食物并不上心，甚至有点儿不以为然。

但是我的同事付姐坚持得很好。她每天都是按时按点地晒自己的减肥餐，还晒自己坚持瑜伽的照片。一个月她瘦了整整 10 斤，而我才瘦了 4 斤。

第二个月，我意识到自己不能一直浑浑噩噩的。所以，我严格按照餐单执行，哪怕再忙再累，也在群里打卡。

这个月，我瘦了 8 斤。

我是怎么做到的？无非是自律。

我改掉了懒散的坏习惯，一日三餐，在规定的时间内吃完，并且按照规定的量吃。

每天不贪吃，不多吃，也不偷吃，按时睡觉。一切都按照餐单上面的来严格执行。

相比前一个月来说，我战胜了自己，所以我成功地瘦了。

到现在，不管是外出吃饭，还是在家里，对于食物，我都有严格的控制。外面的菜，必然会涮两道水再吃；高热量的食物不吃，要吃，也是浅尝辄止；多吃蔬菜、水果，尽量多走路。

所以瘦了那几斤之后，我没再反弹。没有老师和同学监督，我也一样做到了自律。

因为习惯成自然，所以后面我自己就能控制自己。

5

是的，可能这种自律的过程对自己而言很痛苦。

但是当你真的开始自律之后，你会发现，这是一种不错的选择，你会对自己有要求，会加强自我主宰。

其实每个人都不完美，大家资质都差不多，但是那些自律的人，更容易成功。

因为自律的人，对自己是真的狠到了极致。对自己越狠的人，做事就会越专注。

专注再加上坚持，日积月累，你会让他人望尘莫及。

与其生气，
不如争气

1

久未联系的小表妹主动给我发信息，说她很生气。

问及原因，原来是表妹公司的总经理助理因为马上要休产假，所以想要从她们几个助理当中，委派一个人来暂时接替自己的工作。

小表妹和另外一个助理琪琪都报名了，正在等待最后的通知。

但是，得知小表妹报名，琪琪很不服气，说表妹也不看看自己，还想和她争。琪琪的言语中透露着一种优越感。

是的，琪琪是研究生毕业，肤白貌美，小表妹只是 个专科生，论资历确实赶不上琪琪，论美貌，也确实不及琪琪。

面对琪琪的打击还有排斥，小表妹很生气。表妹说："凭什么啊？我也不觉得自己的能力差啊。本来就是大家都可以竞争的岗位。谁不知道，这时候要是接替了总助的工作，或许以后真的会被提拔上去，我就是要和她争一争。"

我笑着说："这就想通了？要记得，与其生气，不如争气。你和我说了，内心的闷气也散发了不少，那么现在就去努力提升自己的技能吧，争取一举拿下这个职位。"

小表妹也像是想通了一般，答应我，不到最后绝不放弃。我安心地放下手机。

有句话是这样说的："生气不如争气，斗气不如斗志。"我们每个人都希望自己被人重视，得到自己想要的。但是哪里能够事事如意呢？有时候少不了被人看轻，被人排挤和打压。

这时候，我们需要做的不是生别人的气，不是抱怨，而是要积极向上，要找出自己的不足，要好好弥补，争取让自己做得更加出色一些，更争气一些。这样的话，才能真正得到别人的重视和好感。

2

认识一个二胎妈妈，叫梅子。

梅子生完二胎，为了减轻老公的压力，在孩子四个多月时，打算出去找工作。公婆也都很支持她，帮着带孩子。

梅子生二胎之前，在一家新能源公司做销售，已经做了六年，业绩一直遥遥领先。因为怀二胎的时候，她的身体不好，所以梅子忍痛辞职了。

现在重新找工作，她也打算在这个行业，毕竟之前努力了那么久，她积攒了不少客户资源。

梅子本来以为她找工作，会非常顺利，毕竟她的资历和资源都在那里。但是好几个公司在得知她刚生完二胎，老大刚上幼儿园的情况后，都表示要考虑，然后就没了下文。

梅子这才意识到就业形势的严峻。但是没有办法，为了生存，只能继续硬着头皮去找工作。

她甚至通过熟人的关系，找到一家不错的公司，毛遂自荐。那家公司的销售部门负责人对她的情况非常满意，也很欣赏她的专业能力。

但是销售工作需要经常出差、应酬，甚至会加班。而梅子家的两个孩子都太小了，他们怕她的精力顾不过来，所以不打算用她。

尽管梅子一再保证有公婆和老公带孩子，但是很遗憾，那家公司最终选择了一个未婚的男青年。

找了这么久的工作，梅子真的很生气，甚至有点儿崩溃。她不知道自己未来的出路在哪里，只能默默地流泪。

3

见梅子这样，先生帮她分析，这时候她的情况确实是这样的。人家那些公司考虑的也不是没有道理。

梅子想退而求其次，找一些比较轻松的岗位。她老公问她："你甘心吗？"梅子回答："当然不甘心。"

尽管老公的收入尚可，但是梅子不想做全职妈妈，那样老公一个人太辛苦了。

孩子确实需要陪伴，自己又不能没有工作。经过一番权衡之后，老公支持梅子自己创业。

梅子的行业和老公的行业比较接近，老公也能利用手里的资源帮她。他们利用自身的优势，积极地整合行业上下游的资源。

经过将近一年的忙碌，梅子的公司走上了正轨。她可以按时下班陪伴孩子。为了适应新形势的需要，他们还积极地打造公司的线上渠道。而原来拒绝了她的公司，现在也成了他们的业务合作伙伴。梅子觉得自己扬眉吐气了。

天无绝人之路，梅子也曾生气、无助过。但是现在，她通过自己的努力，实现了家庭和工作两不误。

亦舒曾经说过，人真的要自己争气，一做出成绩来，全世界都对你和颜悦色。

是的，遇到困境和无奈的时候，我们不要把精力用在生气上面，而是要积极去做，去努力走出困境。这样的话，我们才能做得更好，更争气。

只有你争气了，有了成绩，全世界才会对你充满善意。

4

不管是处于哪个年龄段，我们的格局一定要大，一定要学会自我开解。

哪怕是被困难包围，你也要相信，困难都只是暂时的，我们需要做的就是调整自己的状态。

不能一直让自己处于负面的情绪中，只有积极想办法解决问题，才能闯出属于自己的一片天地。

生活并不容易，我们不需要和自己较劲，更不要抱怨。

不过，偶尔可以哭泣一下，发泄自己的负面情绪，但是哭过之后，必须积极地做出改变。要知道，这个世界，靠谁都不如靠你自己。

只有你自己变得更好，才是真的好！当你变得无可取代时，所有的困难对你而言都是小事！

所以加油吧，为了变成更好的自己而努力争气！

你对时间的态度，
决定了人生的高度

1

前段时间，一个还不错的品牌，找我的公众号合作广告。

因为之前也和他们有过合作，还挺愉快的，我很痛快地就接下来了。虽然说这次合作的是新产品，但是因为有之前的信任基础在，我也没有多想。

这次品牌方换了一位新助理来和我对接。原来的那位助理，把这位新助理推荐给我的时候，也希望我多体谅，毕竟是新人嘛。

只是合作的时候，有着诸多不顺利。

这位新助理，给了我文案，我做了预览给她看。前前后后，折腾了四次，不是这里图片不对，就是那里二维码不对。

她每换一次，我就得折腾一次。折腾到了第四次，我已经是在崩溃的边缘了。因为太耽误时间了。

我没有想到的是还会有第五次，把前面四次的修改推翻，重新弄文案。当时我真的很郁闷，直接说道："他们的文案能不能一次定好，我复制就好了。"

新助理大概知道我生气了，就说要寄一套他们的新产品补偿我。我回绝了。我说："你不浪费我的时间，就是对我最好的补偿。"

因为时间是宝贵的，我实在是耗不起。

我没有想到，这个文案，最终折腾到第八次，他们才定下来。结果发出来，后台很多读者留言说产品购买不了。我自己也去试验了一次，果然买不了。

深更半夜，我赶紧给这位新助理留言。她说那个微信商城刚建立起来没多久，可能还没测试好，她已经让人在处理了。

结果到了第二天下午，助理才告诉我，商城他们修复不了，只能这样了。然后让我搜索他们的微信公众号，去微信留言。

那一刻，我真的很想拉黑她。太浪费时间了！

这位助理不仅浪费了她自己的时间，也浪费了我的时间，更浪费了很多意向读者的时间。

最重要的是，最后的损失还得由他们自己承担。

2

我当时很想告诉她，尊重时间是一种美德啊。

但是想了想，也许她有她的身不由己，生生把到嘴边的话咽回去了。

我真的很害怕合作的时候，无限次地折腾。而我又属于时间不够用的人，虽然折腾一次只是耽误几分钟，但是反复地折腾下来，浪费的时间就不是一个小数目了。

这个事件的后续就是到了这次合作的时候，品牌方又换了助理。这也在我的意料当中。

而品牌方最开始和我合作的那位助理，早已经升职了。

那个小姑娘，确实很讨喜。最重要的是，我们沟通合作，她从来都是一次性弄好给我，我们的合作很愉快，彼此也不浪费时间。

有句话说：你如何对待时间，你便会成为什么样的人。聪明的人不仅自己会珍惜时间，还会尊重别人的时间。

只有尊重别人的时间，我们才能得到别人的信任，才能为自己的人生赢得更多的机会。

3

我的第一份工作，是在广州的一家数据中心做宣传。

那时候，我经常和公司的销售总监打交道。这个总监是一个很有策略的人，也是一个非常聪明的人。

他原本是一家报社的记者，跳槽后的第一份工作就是去了我们那个数据中心。

要知道，那个销售总监的待遇不低，同样要求也不低。

因为经常和他一起出差，他对待时间的态度，给了我很多启发。每次新产品的发布会之前，总监都会认真地检查会场，反复确认。有一次，我问他为什么这样，核对一遍，基本上就没问题了，为什么还要把每个细节都再检查一遍。

总监说："不怕一万，就怕万一。如果临时出问题，太耽误时间了，并且也会带来很多负面影响。"

而这位总监最值得称赞的事情，就是他当初进公司面试的时候，在最后一面，他拿出了公司下一个年度的销售方案。从而成功地击败了另外一位实力强劲的竞争对手。

那时候他还没有做过销售，但是他花了时间，把准备工作都做了，把方案也做出来了。正是他的这一点，让公司的老总特别欣赏，老总觉得他太厉害了。

还有一件事，让我印象特别深刻。

有一次下雨，我和两个同事陪他一起去见一个重要的客户。本来我们只用提前一个小时走就好。但是总监怕让客户久等，我们提前一个半小时就出发了。到了约定地点，时间还早，同事开玩笑说："早知道，还可以晚点儿走。"

总监说："今天下雨，我们运气还算好，没有怎么堵车。如果堵车的话，就麻烦了。所以我们宁愿提前来，坐在这里等，顺便也整理下资料，也不能让客户等我们。让他们等我们，麻烦就大了。"

和这位总监一起共事将近一年，我因为个人原因辞职回武汉。几年后，听说公司原来的总经理移民，这位总监顺利地接替了他的位置。

4

在这位总监身上，我学到最多的就是惜时，以及尊重别人的时间。

而一个爱惜时间的人，肯定也不会过得太差。

我们对时间的态度，在一定的侧面上，反映了我们的生活轨迹。

每个人的时间是相同的，每个人对待时间的态度不一样，收获就不一样。

那位总监的时间观念非常强。用在工作中，就会给别人留下好印象。

而一个没有时间观念的人，是特别容易误事的。

试想一个人经常不守时，到了约定好的时间让别人等；或者明明一次性可以完成的工作，拖了很久都做不完，让人等得花儿都要谢了。那么时间久了，谁还愿意和这样的人打交道呢？

著名作家张晓风曾经说过："时间将怎样对待你我？这就要看我们自己是以什么态度来期许我们自己了。"

对于我们每个人来说，时间都是很公平的，都是每天 24 小时。但是同样的 24 小时，有人珍惜，高效地利用时间；有人散漫，随意地浪费时间。

不同的对待时间的方式，最终决定了不同的人生高度。有人升职加薪，一切顺利；有人在一个岗位上熬了很多年，都没有起色。

所以说，你越是尊重时间，它越是能给你带来好运气，好的未来！

那些走过的捷径，
最终会变成绝境

1

上班路上，刚打开手机，就看到好几个学员给我发来的信息。这些信息都在表达一个意思：我们的某个学员，在其他公众号过稿的一篇故事，有洗稿的嫌疑。

并且洗的是我公众号上面的稿子。很多人在那个公众号下面留言，说我们学员是洗稿的。

那个学员我认识，情况我也了解，文笔特别好，故事也写得特别好，属于非常有灵气的学员。

但是很遗憾，她走了捷径。我心里一阵叹息。

我不想在这件事情上面浪费时间，所以不打算关注情况到底如何。

但是下午我还是知道了结果。那位学员承认她的那篇故事是根据我公众号上面的那篇文章来写的，所以主线和情节都差不多。

学员说她不知道这样不行，不是故意的。

其实未必是她不知道，因为每次讲课，我们都会反复向学员强调，不能洗稿，不能抄袭。

只能说这个学员有点儿急功近利，所以走了捷径。

最后这个捷径，却成了她的绝境。因为很多号主彼此都认识，他们会封杀她。

我真的替她可惜，因为她已经小有名气了。

2

这几年，在写作培训班，我认识很多热爱写作的学员。

当然，我也见到了很多走捷径的学员，并且这些学员都还是天赋不错的。可惜他们看不透。

一旦走了捷径，"写作"这条路，他们就走不远了。

很多让我记忆深刻的学员，就这样慢慢地在我的记忆中消失，在各大平台中消失。

其实，在成功的路上，没有任何捷径和技巧，而唯一能够到达终点的秘诀就是——永不放弃，勇往直前！

所有抄捷径的行为，最后都被证明是在走弯路。并且很多人会被这条弯路带入绝境。

就像是我的这些热爱写作的学员们，因为走了捷径，最后很难翻身，很多人慢慢地放弃了写作。

有些人换个笔名，打算重新开始。但是因为心态坏了，遇到瓶颈期，就一蹶不振了。

我们每个人都行走在人生的路上，有鲜花草地，也有荆棘沟壑，不管是平路还是泥泞路，我们都得脚踏实地，一步一步地走，不要总想着去走捷径。

只有这样，我们才能得到自己想要的，实现自己的梦想。

3

我一直英语都不太好，大学的时候，考四级特别有压力。我生怕自己考不过。

而我有个室友，她来自大城市，一路上的都是重点学校，很早就接触了外教。

可以说，我这个村子里出来的孩子，和她没法儿比。她在英语上流露出来的优越感，更是秒杀我。

我也知道，我这个人没有好运加持，凡事如果自己不努力，肯定就不会有什么收获。

所以在准备考四级的时候，我每天早晨都早起一个小时，去宿舍后面的小树林背单词，做题。陪伴我的，还有树林里的各种鸟儿。

有时候，上午没课或者下午没课，小树林就成为我最爱去学习的地方。那里面有很多石桌子、石凳子，我能一坐就是大半天，和英语战斗。

说实话，一直到上考场，到考试完，我对自己都没有什么信心。因为平时的模拟题，我的成绩都不是太好。考试的时候，也是稀里糊涂的。

谁知道，最后的成绩出来，我竟然考了61分，刚好过了及格线。最起码不用重考了。

而我那个室友仗着自己英语不错，就是考试之前的两周，临阵抱佛脚，做了题，但是她最后只考了58分，还得补考。

考试成绩出来后，她有些愤愤不平。但是我也没有觉得自己是侥幸，只是感觉上天挺眷顾我的。

4

说实话，我是个运气很差的人。但凡是抽奖那类事儿，肯定和我无缘。因为我基本上没有中过什么奖。

但是一件事情，如果我扎实地去做，总能在最后收获我想要的。

除了英语考试，我大学的时候，还有一件事儿做得比较好，那就是在毕业的时候，获得"优秀毕业生"的称号。

因为大学四年的总体成绩加起来，我算是比较拔尖的。这个也不是靠运气，而是我老老实实地努力得来的。

大学四年，我从来都没有缺过课，所以我每次的考试成绩都还不错。

后来工作了，我一样也是。

比如说我能出书，也是和我天天写作分不开的。那一年，自己真的特别勤奋，差不多每天坚持写一篇文章。

从一开始的写得不怎么好，到后来的写得像个样子。一点儿一点儿地变好，我变成了更好的自己。

然后就有了更多美好的事情，奔着我而来。

所以我从自己身上得出来的结论就是，成功或者好运真的从来都没有捷径。

如果有捷径，那捷径的名字就叫作坚持或者努力。

有句话说：人生如同道路。最近的捷径通常是最坏的路。

一个人如果一心想走捷径，那么这个捷径要么变成弯路，让他绕得更远；要么变成绝境，让他无路可走。

所以，我们一定不要偷懒，不要想着走捷径，不论是对待工作还是生活都是如此。

路要一步一步地走，事情要一点儿一点儿地做。虽然总会经历一个难熬的过程，但是熬出来了，前方就是属于你的晴朗的蓝天！

赶走坏情绪，
才能拥抱好运气

1

那天，因为一点儿紧急情况，想要一个懂行的朋友帮忙。结果，我从早晨开始联系她，电话打了，微信发了，语音电话打了，就是找不到她人。直到晚上 8 点多才联系上。

朋友向我道歉之后，又向我讲述了她这一天的倒霉事儿。

早晨她出门前，和老公因为一件小事情，争吵了几句。骑电瓶车上班的路上，因为心情不好，一辆小车差点儿蹭到她。朋友先前积攒的怒火汹涌而出，她和这位车主吵了一架。

在吵架的过程中，她的手机不小心掉到地上，屏幕摔烂了，也开不了机。

好不容易到了单位，领导让她统计部门的月度销售业绩。下班之前，她把统计表交给领导，发现有一处很大的错误。她被领导狠狠地批评了一顿。最后领导让她返工，并且要求她当天完成。

她的努力功亏一篑，内心别提有多沮丧了。但她只能先埋头加班，赶着把表格弄好。晚上回家，她才有空用平板上微信。这才知道我白天一直在找她。

朋友说，这一天真的是糟糕透了，诸事不顺。

有句话说：所有坏情绪，买单的都是自己。朋友这一天的经历，真的是很好地验证了这句话。

生活中，像朋友这样的情况真的是太多了。因为一件事情不顺利，坏情绪蔓延，最终整个人被坏情绪吞噬，形成恶性循环。

2

刚工作的时候，我遇到过一个同事。十几年过去了，她到现在都让我印象深刻。

为什么是印象深刻呢？

那时候，我们每个月的工资都和绩效考核息息相关。这位同事一旦感觉自己这个月绩效不好了，就一整天阴沉着脸，要不就是使劲拍桌子，扔东西。

我坐在她对面，她扔东西的时候，我就心惊胆战的，生怕会砸到自己。

当然，因为她的坏情绪，办公室的同事都不敢和她说话，生怕一个不小心，惹得她不开心了，大家又要遭殃。

这位同事的坏情绪，让她的业绩提升了吗？当然没有。

最终，她因为出现了一个重大错误，而被开除了。说实话，她离开之后，我们这帮同事都觉得松了一口气。

坏情绪是能传染别人的，我们都不喜欢办公室里因为她而形成的压抑的氛围。她走后，我们觉得轻松多了，就连空气都自由了很多。

很久之前，看到过这样一段话：任何时候，一个人都不应该做自己情绪的奴隶，不应该使一切行动都受制于自己的情绪，而应该反过来控制自己的情绪。无论境况多么糟糕，你应该努力去支配你的环境，把自己从黑暗中拯救出来。

也就是说，一个拥有良好情绪的人，整个世界都会对他微笑，他也能收获幸福与好运气。

而坏情绪，即便是一念之间，也是你要买的单。有时候，坏情绪带来的负面影响，甚至需要你花费很久的时间才能消化它。

3

记得有个假期，我和先生一起出门旅游。

为了玩得尽兴，我们提前一天出发，还各自请了一天假。结果，早晨因为先生起晚了，路上又有点儿堵车，我们没有赶上火车。

当时我就发火了，一个劲儿地怪先生。先生没有和我计较，他积极地去窗口改签。

结果得知，那天去往我们想去的那个城市的车都没有票了，有的也只是站票。我们还带着孩子，站票肯定不行。

我的坏情绪，突然就爆发了。然而，坏情绪只会让我自己不开心，连带先生也不开心，还是解决不了车票的问题。

所以我拼命地控制自己，一个人在一家餐厅坐了好一会儿才调整过来，脑子慢慢地才恢复正常。

我问自己还想去旅游吗？答案是肯定的。酒店都订好了，返程票也买好了，肯定是要去的。

那么接下来就是车票的问题，没座位，就只能改签站票。没有上午的车，只有另外一个火车站还有一趟下午3点过去的车，能买到站票。

我让先生毫不犹豫地改签了。接下来，就是考虑座位的问题。

一般来说在火车的餐车，运气好的话，也许能找到座位。调整了心态，坏情绪也飞走了。

后来上车之前，我专门查了那辆火车的餐车的位置。然后上车的时候，我们直接从餐车上。本来我们也是要吃东西的，直接去餐车也符合我们的需求。

最终，我们的运气很好，上车的时候，餐车上，正好有人下车，有一个空位置。

上车之后，我分析了一下。如果我不调整坏情绪，只是吵闹的话，对问题的解决肯定是无济于事的。

如果过于纠结位置，我还会怪罪先生，那么只能让我们都不快乐。可能还会发生其他负面的事情。

幸好我及时地调整了自己的坏情绪，好运气才会来到。

4

我的闺蜜安安是做售后服务的，经常会碰到很多无理的顾客。

所以她的同事流动性比较大，很多人都是干几天，受不了委屈，就辞职了。

但是安安却在那里干了三年，还当上了负责人。

安安说，她靠的是忍耐。刚开始工作的时候，她也是经常被气得吐血。

因为在工作中受了委屈，回家之后，她忍不住把气撒在爱人身上，两个人的感情也越来越差。并且那段时间，安安觉得做什么事情都不顺利。

后来，她尽量学着开解自己。顾客喜欢骂，就让他们骂一会儿好了，大不了自己左耳朵进，右耳朵出。

因为练就了一套控制情绪的本领，后来安安做得越来越顺利。之后，她再也没有把自己的负面情绪带回家。

所以说，一个能把自己情绪控制好的人，是更容易取得成功的。

虽说控制自己的情绪有时候很难，但是一定要冷静，要冷静地分析。如果你暴躁、焦虑，那么只会让情绪更加糟糕，得到的结果，肯定不是你想要的。

这一生很长，我们每个人都会遇见坏情绪。面对坏情绪，你是积极地调整自己，以便赶走它，还是任由它包围着你，这一切都取决于你自己。

只有积极地自我察觉，自我反应，赶走坏情绪，好运才会伴随你，你才能心想事成！

别让无意义的闲聊，
毁掉你的人生

1

我们有个学员特别厉害，每个月稿费过万。

当然名气起来了，她的烦恼也来了。很多人听说她很厉害，是"大神"，就加了她的微信，向她请教怎么写稿投稿。

可是写稿投稿，哪是一两句就能说清楚的问题呢？每次她给人一解释，不知不觉一个小时就过去了，甚至一上午就过去了。

到了中午，她才发现，该写的稿子还没有写，该看的书还没有看。

时间久了，这位学员也吃不消了。毕竟，我们每个人的时间都是非常宝贵的。所以她问我该怎么办。

2

因为做写作培训，我的微信群目前有 50 个，并且这些群友都是我的学员。

每个群每天的聊天信息，都有几百条，甚至上千条。我会看吗？一般都不会看。

每次课后，都有很多同学加我微信请教问题；我的公众号读者，也有很多想要学习写作的，他们也来向我咨询。

刚开始的时候，我很认真地回复他们。结果我发现，一天下来，我净在回答问题了，根本没有办法工作。

所以，后来，我工作的时候，根本就不会看微信。对于那些咨询写作的人，一般我会直接发招生链接给他们看。如果课程恰好是他们所需要的，他们就可以报名。

对于找我看稿子，或者请教问题的同学，我都是把重要的事情做完，再去帮他们。并且就事论事，只说问题。

这其中，很多同学表示理解。因为我确实很忙，每天恨不得有 48 小时。我只能尽我所能地去帮他们解决重点问题。

而对于那些除了问写作问题，还想随便聊天的，我一般都会直接告诉他们，我很忙，让他们见谅。

不然，每天要陪无数的人闲聊，我真的耗不起。时间就是生命，浪费时间就是在浪费生命啊。

3

我们小区的妈妈群里，有500人，每天都很热闹。不是吐槽婆婆、老公的，就是招呼别人买买买、发优惠券的，要不就是忧虑娃以后上学怎么办的。

之前我的一个好友不上班，经常在群里响应。时间久了，她就像是一个意见领袖一样，呼声很高。

今年过完年，很长一段时间，都没见她说话了。前天，我在小区偶遇她，问她怎么不说话。

她说现在白天做兼职，晚上陪伴孩子，有空还想自己看书学习一下。再这样聊下去，她就要废掉了。

她说，还是过自己的小日子舒服。每天闲聊，看似很开心，到最后才发现，除了耽误自己的时间，也没有多少快乐。

所以她已经把群屏蔽了，内心也清净多了。有空的时候，她也不再看手机。看看书，给孩子读读故事，或者陪爱人聊聊天，家里的氛围也越来越好。

4

自从有了智能手机，聊天方式也越来越先进。有不少人，每天泡在各种群里，时不时地出来聊两句。

如果不这样，就会觉得自己内心缺少了一些什么。但是这样的闲聊，对于个人成长来说，是毫无益处的。

同样每天有半小时的碎片时间，一个人用在闲聊上，另一个人用在看书学习上。

可能短期看不到效果，但是时间久了，自会见高下。

我们一个学员，曾经对我说过她和一个闺蜜的事儿。原本她们都是全职主妇，最开始都是把时间花在闺蜜群里。

每天吐吐槽，哄哄娃，日子也过得优哉游哉。但是时间久了，我们这个学员开始察觉到自己内心的需要，她想要经济独立，变得强大。

聊天改变不了她的现状，所以她开始学习写作。她每天都利用碎片时间来听课，看书，码字。

闺蜜再找她，她已经没空陪她闲聊了。她试图拉着闺蜜一起听课学习，但是闺蜜觉得自己不缺那点儿钱，没必要。

通过大半年的努力，我们的学员已经开始四处过稿子，拿稿费，而闺蜜依然每天混在群里聊天。

这时候，学员自己都觉得她们已经不在一个层面了。虽然说她挣的稿费并不多，但是通过这种方式，她找到了自我价值。她老公也开始尊重她的爱好。

而闺蜜呢？因为负能量太多，老公觉得她乱花钱，夫妻感情越来越差。

5

这个时代，其实我们拥有很多碎片时间。而这些时间，不是用来闲聊的。

如果你给自己定一个目标，就像这位学员一样，哪怕是去学习写作，过上一年半载的，你就会发现你的人生完全不一样。

而你想要过什么样的生活，是闲聊，还是珍惜时间，抑或是努力学习，都取决于自己的选择。

如果你每天把自己的这些闲聊的时间拿出来，不管是看书还是学习，还是考证，或者是运动，对自己而言，都是有益的。

就怕不自知，每天刷刷朋友圈，聊聊天，吐吐槽，这样来打发时间。这是很可怕的。

一天天，一月月，一年年，时间就这么过去了，你收获了什么呢？

我们要学会利用一切碎片时间来实现利益最大化，而不是让时间白白流失。

在时间上从来没有所谓的好运，不过是别人比你付出的更多，别人比你更会利用时间罢了。

大多数的成功与智商无关，但大多数的失败与时间有关。

相信很多人都知道一万小时定律。作家格拉德威尔说过："人们眼中的天才之所以卓越非凡，并非超人一等，而是付出了持续不断的努力。一万小时的锤炼，是任何人从平凡变成世界级大师的必要条件。"

所以与其把时间花在闲聊上，不如默默地闭嘴，把时间花在自己喜欢的事情上。一点儿一点儿努力，让自己变得更好，变成自己喜欢的样子。

女人的能力，
是婚姻最可靠的保障

好久不联系的高中室友小夏突然给我发了一条信息，说她要离婚了。

我第一反应，是她假离婚，为了买房子。因为身边这样的例子也不少，何况小夏的老公对她那么好，我觉得她肯定是骗我的。

结果她说是真的，虽然婚前和刚结婚的时候，她老公对她很好，但是她做全职妈妈的这两年，夫妻两人的话越来越少。

我说："难道你老公有外遇了？"

小夏说："我不知道。他说我们性格不合。可是求婚的时候，他不是说我们性格正好互补，在一起会很幸福吗？"

我实在不明白他们的状况，也不能瞎出主意，只能问她："那你老公是不是和你分居了？"小夏说："以前还挺好，自从说了要离婚，他就不回来了。"

听到这里，我开始明白，不管有没有小三小四，大概这个男人已经下了决心，不想挽回了。

我告诉小夏，让她尽力而为，顺便做最坏的打算吧。

站在旁观者的角度，一个男人已经这么冷静了，肯定是做好了万全的准备了。

不然，当女人哭，或者闹的时候，他不会那么决绝地出去住，多少会有些不忍心。

我让小夏看牢他们的财产，保证自己的权益。就算最坏的结果是离婚，也要把自己该得的东西都拿到手。

可是小夏却是茫然和恐慌的。她一遍遍地问我："难道他真的决定要和我离婚？为什么啊？"

有时候真的不是一两句话就能说得清楚的。何况我只是旁观者。

但是多少我也能理解小夏的恐慌吧。

在生孩子之前，她已经辞掉了工作，她老公收入还不错，这几年完全是这个男人在养家。

而小夏天天和孩子打交道，目前离婚，她不仅没有胜算，就连养活自己都困难。就算重返职场，她也需要有一个适应期。

当一个女人的能力越强时，她抵御各种风险的能力就越强。

之前聊天谈到离婚时，我有个闺蜜说的话，很是让我感慨。

她说："我不怕离婚，离婚了，我能自己养活自己。我工作不错，挣钱能力不错，英语水平也不错，我不怕自己挣不到钱啊。何况，我有了钱，娃儿我也能养得起，我怕什么呢？"

我现在还记得她当时说这句话的样子，神采飞扬，无所畏惧。

因为那时候，我只是个全职妈妈，要能力没有能力，带娃也没有多少耐心，苦于求一个方向。

而闺蜜的话惊醒了当时的我。

这个剽悍的闺蜜，现在是什么情况呢？

她和老公商量离婚买二套房，她老公不同意。因为她老公觉得自己的老婆太优秀了，全职和兼职都做得那么好，怕她离婚了，就不愿意和自己复婚了。

所以她老公死活不同意。

而闺蜜在感叹她老公死脑筋的时候，何尝不是有着满满的幸福呢？

女人要的不过是男人的在乎。而想要男人在乎你，宠爱你，你自己必须有一定的能力。

这种能力，让你面对生活可以从容不迫；让你面对婚姻的风险可以保持淡定。

女作家苏芩说过："当一个人的生活能力越强，他的依附性就越差，在婚姻中就显得越独立。"

而很多男人，可能婚前觉得女人小鸟依人很美好，但是当他真的遇到困难的时候，现实会打破他的梦想。

他也需要女人有能力。能够照顾好自己是首要的，要是在他遇到困难的时候，能够帮帮他，这才会是他的真爱吧。

认识一个大姐，现在40出头儿，每天不是学茶艺就是学花艺和古筝。

看到她过的生活，我时常觉得贫穷限制了我的想象力。

但是我羡慕她现在的幸福的同时，也知道她的能力。

几年前，这位姐姐老公的公司面临转型，男人年纪比她大，不懂互联网。

好在这个姐姐学习了很多理财知识，加上她大学本来就是学经济的，关键时刻是她帮助她老公分析市场形势，陪着他一起渡过难关的。

虽说现在她看似悠闲，但我知道她并没有放弃学习。除了这些充满小情调的东西，她还继续深造，学管理，学金融。

因为她本身能力就很强，所以她从来不惧怕她老公在富裕之后会抛弃她。

正是她的通透，还有她的见识和能力，让她老公更在乎她。面对一些大的决策时，她老公都会听听她的建议。

女人越有能力，男人越是愿意把好的都给你，愿意花时间宠爱你。因为就像投资，男人觉得自己的花费值得。

我们这一生，都需要不断地学习。

尤其是女人，更要学习。这个时代，发展太快，人人都在往前跑。

我们只有不断地学习，提升自己的能力，才能更加从容。

对于女人来说，美貌是一个跳板，有助于成功，但是能力却可以让我们更安心。

别人会得再多，不如自己会，自己懂。

你会了，懂了，就有了底气，就能够面对种种风险。

所以不管是什么时候，女人都需要学点儿东西，掌握一点儿技能。

关键时刻，风雨雷电，我亦巍然屹立，不惧怕，淡定地迎着风雨，往前冲！

底气

爱和被爱的

世界那么大，人心那么深，你若不说出你想要的，谁会知道呢？

在婚姻里，与其等着男人给你惊喜，不如你主动提要求。这样的话，幸福感会提升。何乐而不为呢？

所以，女人们，从今天起，大声说出你想要的吧！

赚钱的能力，
决定了女人的底气

1

上周末，一位大姐找到我说她要倾诉。这里我们就叫她雪姐吧。

征得雪姐的同意，我把她的故事写了出来。

雪姐今年 47 岁，女儿 12 岁。居住在南方的一个省会城市。

雪姐家就在省城，年轻的时候条件不错，给她介绍对象的也不少。
她也看中了一个长相还不错的男人，谁知道结婚后才发现男人是个"妈
宝男"。而婆婆也对不会做饭、做家务的她，百般挑剔。

忍无可忍之下，雪姐只好在父母的反对声中，选择了离婚。那一年，
她刚刚 30 岁，结婚一年半。

离婚后，给雪姐介绍对象的人很多，但是她挑来挑去，挑中了一个
老实的外省男人。男人在她家那里打工，无房，存款也少得可怜。

雪姐看中了男人的老实、可靠，她是个离过婚的女人，只求一个知

冷知热的男人。于是在父母的坚决反对中，她和男人偷偷领了证。

婚后前两年，他们还比较甜蜜，男人对雪姐还算体贴。在他们的努力下，男人也逐渐被雪姐的父母接受。

一切都是在有了孩子之后开始改变的。

生完孩子，雪姐的妈妈身体不好，不能帮他们照顾孩子，而婆婆又远在千里之外，指望不上。

雪姐只能自己辞职带孩子。

2

孩子1岁多时的一天晚上，好不容易哄孩子睡觉了，雪姐看到老公还在书房，以为他在加班忙工作。

谁知在她准备提醒男人早点儿休息的时候，他却做贼心虚地关了界面。雪姐当时心里的预感就不太好。

第二天，趁着男人去上班，她偷偷登录了他的QQ，发现男人伪装成单身男人，同时和好几个女人聊天，聊天记录简直不堪入目。

当天晚上，两人为此大吵一架。后来男人下跪道歉，并做出各种保证。看看年幼的孩子，雪姐最终选择了原谅。

只是男人也就好了一阵子，后面变本加厉，雪姐的心越来越冷。她想离婚，可是那时候她已经好几年没有工作了，家里的收入都仰仗着男人。

这时候雪姐已经快要40岁了，再出去找工作挣的钱，还不够请保姆的。所以她只能继续忍。男人好像也是算准了她的这一点，借着做销售的借口，和更多的女人不清不楚。

最让雪姐崩溃的是，有一次她无意中在老公的手机里发现了陌陌，原来他不断地换各种聊天软件，找不同的女人约会。

其实这几年，雪姐早就对男人心灰意冷了。而陌陌的发现，也让她对男人彻底死心。

3

这些年，虽然有父母补贴，但是父母年纪越来越大，身体都不好，雪姐还是没法儿离婚。她甚至还在父母面前替男人掩护，为的是让老人安心。

我问她没法儿离婚的原因到底是什么？雪姐纠结了一会儿，才告诉我，还是钱的问题。

没上班的这些年，男人一直给她生活费，没有拖欠，有时候还会看在孩子的面子上多给点儿。但是男人的收入，她其实一直都不清楚，男人也不愿意把银行卡交给她保管。

离婚了，她不知道自己该怎样生活。何况男人对女儿也不错，确实是个好爸爸，很心疼孩子。所以雪姐打算一直当鸵鸟，忍着内心的痛苦，继续过这种表面上相安无事的日子。

而我已经不知道要说什么好。

我知道她向我倾诉是出于信任，也是因为自己的心里太难过了，需要找个出口。但是我却没法儿帮她改变。

说到底，经济才是最重要的影响因素吧。

4

在《知否，知否》里，明兰婚后回门那天，顾老太太对她说的那番话，很是打动我。

当时，明兰对祖母说，顾二叔处处照顾她，家里无人敢欺负她。但是祖母却问她："你们府上现在何人管事？府上的房子、园舍可好？"

明兰都答不上来。

这时候，顾老太太告诉她："他虽然护着你，但是你也不能过分依赖他。咱们做女人的，终究是要自己撑得住。一、手里要有钱；二、身边要有心腹。这日子才能过得自在。"

听完，我特别佩服顾家老太太的智慧。

虽说现在我们不像明兰那样要管理很多人和事，不需要培养心腹，但是我们手里依然要有钱啊。这是千古不变的真理，如果手里没有钱，就会处处受掣肘。

甚至在关键时刻，会让女人寸步难行。

5

比如说，雪姐一直在纠结要不要离婚，可是却没有勇气。说到底，她的经济地位，是起了决定作用的。

一个有经济收入的女人，不需要取悦男人，只需要取悦自己。觉得自己过得不舒服，不自在了，她有主动选择婚姻和生活的权利。

而一个处处向男人伸手要钱的女人，在大多数情况下，只能被动地选择。虽然不排除有些男人对老婆确实不错，愿意把家里的财政大权交给老婆。但是时间久了，你敢保证男人没有怨言，没有怨气吗？

他会觉得自己很辛苦，而老婆在享受。虽然老婆在家带孩子、辅导孩子作业、做家务也很辛苦，但是他理解不了，或者说他看不到老婆的辛苦。

这就是赤裸裸的人性，大部分人应该都逃不脱吧。

6

有一次，我和表妹聊天，得知她事业发展得很不错。但是家里有两个孩子要照顾，眼看着老人的年纪越来越大，做家务也越来越吃力，至于辅导孩子的作业更是指望不上。

在种种压力下，表妹想辞职。她觉得只有这样，才能辅导孩子学习，才能带小儿子去游乐场玩耍，才能避免孩子和自己天天分离的情况，顺便还能帮家里的老人减轻负担。

只是当她和女领导提辞职的时候，领导问她："你辞职就是为了回去照顾孩子，当家庭主妇？你有没有想过，家里没人做饭，没人做家务，都是小问题。你只要工作，赚钱了，请个钟点工或者保姆，分分钟就能解决了，哪里还需要这样困扰？

"至于孩子，确实需要花工夫陪伴，但是不能用牺牲你工作的方式来陪伴他们啊。不然，他们做得让你不满意的时候，你就会心生不满，把全部怨气发泄给他们。你会觉得我就是为了你们才辞职的，结果你们这么让我不省心。"

领导的话一说，表妹瞬间就打消了辞职的念头。

因为辞职确实是她在那时那境下做出的最无奈的决定。可是，她却没有想过辞职之后的一系列事情。尤其是经济问题。

对于女人来说，工作能够让我们实现自己的价值，也能让我们创造收入，让我们活得轻松自然一些。只有有收入，能自己挣钱，很多时候才能活得更加理直气壮。

事情来了，想办法解决。能用钱解决的事情，都不是事情。

同样的一个困难，肯定是有经济能力的女人解决起来更轻松。

有时候，还真的是离不了钱。原谅中年的我，这么俗气。

不管何时，女人都应该有赚钱的能力。如果可以，尽量走出去，哪怕兼职，哪怕月入2000，你都会活得更有底气。

只有这样，才能让自己真正撑得住，才能勇敢地面对生活的风风雨雨。

你努力活得漂亮，
才会被人更加珍惜

1

丽姐有两个孩子，一个上小学，一个上幼儿园。为了照顾孩子，丽姐当了全职主妇。

但是这两年，她发现他们的夫妻感情越来越糟糕，最近甚至吵闹到要离婚的地步。

为什么呢？

丽姐一个人带娃。孩子下午放学回家，丽姐要辅导大的写作业，要陪伴小的玩儿，还要做晚饭、做家务。而她老公每天下班回家，就像个甩手掌柜，躺在沙发上玩手机。

不帮她带孩子，不帮她做家务，甚至连碗都不帮忙洗。丽姐本来就被老大的作业弄得焦头烂额，又被老二缠着玩儿，心情自然好不到哪里。

心情不好，她把火气都撒到老公身上。老公一回家，她就看他不顺眼，对他各种指责抱怨。刚开始，她老公还和她吵。后来发展到，不管她怎么吵，怎么闹，她老公都视而不见。现在她老公甚至不愿意待在家里，每天都是卡着吃饭的点儿回来。吃完，就赶紧出门，在外面晃悠到很晚才回家。

丽姐觉得自己要崩溃了。

听她说完，我问她："那白天孩子上学去了，你都在家干什么呢？最起码，你从早晨 8 点到下午 4 点左右是自由的啊，你又不用工作。"

丽姐说："我把两个孩子送到学校之后（老二的幼儿园和老大的小学紧挨着），在回去的路上买点儿菜，然后回家简单地做完家务，就去麻将馆打麻将去了。有时候不想去打麻将，就在家追剧，过得其实挺无聊的。"

但是除了这些，她好像也没啥寄托。

2

我想她就是太空虚了，爱好又没有培养起来，所以才会有那么多的负面情绪，又找不到出口发泄，所以把怨气都发泄到自己老公身上了。

这样负负循环，夫妻感情肯定只会变坏，不会变好。

我只能发挥自己好为人师的习惯，让她去培养一点儿自己的爱好，不要把时间都耗费在电视和麻将上面，这些不会改善她的情绪，只会让她更加寂寞空虚。

丽姐答应得很好，但是我感觉她未必能听得进去，因为我能感受到她的状态。其实这样的状态，对于女人来说，不是好事情，也是夫妻情感的杀手。

丽姐的问题，其实原因并不在她老公身上，主因还是她自己。

她自己没有成长，内心太寂寞空虚，是过不好生活的。因为女人一旦忙碌起来、成长起来，只会想着怎么合理地利用时间、节约时间，更高效地去完成工作，是没有时间盯着老公的。

男人呢，心态也很奇怪，你不盯着他，他反而会更自觉。如果你天天唠叨他的不好，他又怎么可能会变好？

人都是喜欢听赞美的，多听正能量的话，多和正能量的人在一起，才能让自己也变成正能量的人。能量磁场是互相影响的。夫妻之间更是。

说到底，女人只有自己努力活得漂亮，才会被男人更加珍惜。

3

这点在我的好友小米的身上，体现得淋漓尽致。

前不久，小米在工作的同时，决定去考瑜伽教练资格证。

小米工作比较轻闲，下班也早，瑜伽是她的爱好，她想把自己的爱好发扬光大，所以她才动了报名学习的想法。

但是如果她去学习，下午孩子放学，就没人接。但是她老公主动说，他可以和领导申请，把孩子接了带去他们办公室待一会儿。因为孩子的幼儿园就在他工作单位附近，也方便。

这个问题解决了，小米每天跟着老师积极上课，练习动作，写总结，做笔记，过得非常充实。

在这个过程中，她的老公也变成了带娃能手和家务能手。以前回家总是"葛优躺"的老公，学会了一边做饭一边带娃，还把家里收拾得干干净净，不让她费心。

每天晚上她走到小区门口，老公已经做好了饭，带着娃在门口接她。老公主动给她拿包，娃把自己喜欢吃的东西分享给她，幸福像蜜一样从她心里荡漾出来。

小米觉得前所未有的幸福，要知道之前我们聚会的时候，她没有少抱怨她老公不体贴。现在在她的努力下，她老公已经从甩手掌柜完美转型为超级奶爸，孩子从磨娘精变成了贴心小棉袄，一切都是那么自然，那么美好。

所以小米总结出了夫妻感情变好，家庭更和睦的秘诀：女人要努力自我成长，绝对不能把自己的才华淹没在琐碎的家务里。只有自己努力成长，才会影响到自己的老公，自己的孩子。继而整个家庭会呈现一种生机勃勃的向上状态。

4

其实像小米这样的情况，我见识了很多很多，全部来自我们写作班的学员。

有学员在努力学习写作后，一个月稿费四五千，老公再也不敢低看她，孩子不会再觉得"我妈妈无能，就是每天买买买，玩手机"。

在她变得更好之后，老公主动给她零花钱，尽管她自己已经能挣很多零花钱了。以前可不是这样的，老公总是嫌弃她不挣钱。

有学员通过努力学习，会码字之后，每天就在电脑前拼命地写写写。刚开始她们的男人没有少打击她们："就你，也想写稿子？做梦去吧！"

还真不是做梦！付出总是会有收获的，当她们开始不断地上稿子，不断地收稿费的时候，男人的态度立马就变了。

以前是她们想要什么，男人都不给买。现在是男人主动帮她们换电脑，换手机，换键盘。孩子呢，觉得"我妈妈就是最牛气的作家，我妈妈好厉害，我也要努力学习"。

我自己也是。以前我没有工作，全职带娃，情绪不好，总想找老公的碴儿。那段时间我因为找不到自己的价值，所以夫妻感情也不好。

后来我在孩子睡觉之后写作，做公众号，现在就更忙了。在这个过程中，我家的先生变成了育儿高手。孩子被他照顾得好好的，我只需要安心工作，安心地做自己喜欢的事情就好。

有相好的女性朋友说我上辈子可能是拯救了整个银河系，遇到了这么好的老公和孩子。

其实，我只是拯救了自己，让自己变得更好，然后就事事顺利。

5

记得前几天看到一个女作家写她老公。以前每天晚上她熬夜码字的时候，她老公就坐在她身边陪伴她，不是玩游戏、刷朋友圈，就是戴着耳机看电视剧、看电影、看球赛，要么就自己下棋玩儿。

但是突然有一天，她老公买回来很多书，她还以为是要送给她的，结果她老公说是他买给自己的。

问他为什么，她老公说："你那么努力地写文章，我也不能落后啊，我怕你以后不要我了。所以我觉得我还是要提升自己，看看书也好。"

所以现在他们的模式就是，她写作，她老公看书，他时不时地会给她冲一杯茶。这样美好的晚上，对于他们而言，真的是岁月静好。

记得以前看到过一句话：你不珍贵，谁珍惜你?

对于女人来说，最好的状态就是：努力让自己活得漂亮，活得精彩。只有努力改变自己，让自己变得更好，你才能掌控自己的命运，才能影响你的老公和孩子，让他们也以你为榜样，变得更好！

过上"神仙般"退休生活的我
后悔了

1

收拾完家务，准备睡觉，看到有读者加我。读者是位大姐，我们就叫她梅姐吧。

梅姐今年 46 岁，六年以前，她关闭了自己辛苦经营了十几年的美容院，回归家庭。

开美容院的时候，梅姐也算是那个十八线小县城的风云人物了。因为她的美容院从一家，开到三家连锁店，甚至还去隔壁的县城开了一家分店。每一家店在她的辛苦打理下，收益都还不错。

那时候梅姐养家，养孩子，赡养双方的父母。梅姐的老公是公职，收入不算太高，但胜在稳定。好在她也没有指望老公养家。

40 岁那年，梅姐突然有些累，加上儿子升了中学，需要更多的陪伴。于是在老公的劝说下，梅姐放弃了自己的事业，回归家庭。

其实放弃的时候，她也不舍得，毕竟从 25 岁到 40 岁，她辛辛苦苦地经营着自己的事业。为了这份事业，她付出了那么多的心血；为了这份事业，她牺牲了陪伴家人和孩子的时间。

但是她老公说，这些年，她的钱也赚够了。他们有五套房，有两套还在省会城市，手里存款也不少。只要不乱花，确实可以保证后半辈子衣食无忧。

加上这些年，梅姐一直觉得亏欠儿子，所以她最终还是回归了家庭。梅姐终于过上了梦寐以求的退休生活，除了周末陪伴儿子，其他的时间，梅姐真的是过上了神仙般的生活。

她约朋友逛街，出去旅游，喝茶，打麻将，日子就这么蹉跎而过。家里有钟点工，也不用她天天做饭，并且她厨艺并不好，也不想去费那工夫。

2

朋友们都羡慕她过得好。刚开始梅姐也觉得日子过得还不错，但是这两年，她发现老公越来越嫌弃她了，他动不动，就冲着她发火。

比如说，她不知道打车软件怎么用，甚至不会用支付宝，不懂得在网上怎么缴水电费，不会在网上买火车票。每当这时候，她老公都会冲她大发雷霆。弄得她很下不来台，也很委屈。

时间久了，曾经恩爱的夫妻，变得越来越淡漠。老公甚至不愿意和她说话。

虽然她保养得很好，完全看不出来年纪，和儿子走在一起，别人都以为她是儿子的姐姐。但是她发现她老公看手机的时间越来越多，根本不拿正眼看她。去年秋天，儿子上了大学，他们的家更是冷得像冰窖。

她调查了很久，也知道她老公外面没有人。但是她却改变不了她老公看不起她的事实。梅姐也觉得委屈，想当年，她一年的收入是她老公的几十倍，她也没有嫌弃过他，怎么现在她反而被他嫌弃了呢？并且家里的财产，大部分还是她当年辛苦打拼挣来的。

梅姐很苦闷，但是这对改变他们的夫妻关系于事无补。梅姐只能继续忍受老公的嫌弃，她说她没有勇气提离婚，也没有勇气反抗。因为这六年，她几乎没有成长，也没有挣钱的能力，已经废了。

当年梅姐挣的那些钱，都由她老公在理财。最开始她要钱，她老公还乐意给她。现在她老公嫌弃她只会买买买，啥也不会，给钱也不痛快。尽管这些钱，基本上都是她挣来的，她老公只是代为保管。

梅姐说她特别后悔，本来她以为老公真的会一辈子爱护她，却没有想到，夫妻感情有时候也这么现实，她现在就是一个活脱脱的笑话。

前几天她老公还嘲笑她，这都什么年代了，还跑那么远，去营业厅给手机充值，手机操作多方便。梅姐只能把眼泪憋回去，她给儿子打电话，儿子说，等过几天回来教她。

以前意气风发的她，现在变成了一个被时代淘汰、被老公厌弃的中年女人，梅姐觉得自己很没用。

3

梅姐的故事让我很感慨。曾经的一个女强人，经过六年，变成了这般模样。说到底，是她放弃了自我成长，所以现在很多东西她都不懂，导致夫妻感情也越来越坏。

记得《我的前半生》中，职场女强人唐晶说过这样一句话："在婚姻当中，进步得很快的那个人，总是会甩掉那个一直原地踏步的人。"很现实，但是也符合人性。

一个女人，不管何时都不要放弃自我成长，因为很多时候，你能依靠的只有自己。婚姻并不是一个女人的全部，何况婚姻也会变质。

自我成长，才是一个女人最大的资本，最可靠的保障。并且自我成长带来的东西，是别人拿不走的，也是女人最稳妥的保障，胜过婚姻和男人。

4

前段时间，我和一位同在武汉的朋友见了面。

这位女性朋友刚 30 出头，手里已经拿了很多证书，一级建造师、心理咨询师、教师资格证、初级会计证、人力资源资格证等，并且她没事儿还在网上码字，成为一家网站的签约写手，还出版了一本长篇小说。

我认识她，就是因为她给我投稿。我们的闺女差不多大，所以共同话题比较多。

我得以见到她，是因为她女儿上学之后，她老公可以帮着接送。所以她打算出来工作。而她的那些证书，都是她当全职妈妈的三年里考下来的。包括小说，也是那时候写下来的。

正是因为这些证书，加上她会码字，所以找工作的时候，她成了香饽饽。想想也知道，哪家单位不喜欢这种全能的多面手啊，懂人力资源，还可以帮老板修改策划方案，还有各种资格证。

我问她怎么想起来去考这么多证书，朋友说，在家的几年，虽然在带孩子，但她内心还是很没安全感，生怕自己落后了。

她上学的时候，就是学霸级的人物，所以她就想着多考几个证书来傍身。没想到，一考就考上了瘾。虽然每天她也只能趁孩子睡觉的时间学习，但是保持学习的状态，能够让她不纠结、不抑郁。

她见过身边的很多全职妈妈，带着孩子，却也是最无奈的选择。因为无奈，最后生了很多抱怨，她不想那样。

所以她选择了自我成长。果然，因为她积极努力，她老公也选择全力支持她，下班回家主动带孩子，周末为了让她去学习，一个人带孩子出去玩儿。

在她自我成长的过程中，她老公在单位也因为努力上进升了职，加了薪。她老公还说，要感谢她这么努力，提醒了他，如果自己不努力，很快就要被她嫌弃。所以他只能更加努力地工作。

5

无论你的婚姻或者爱人让你觉得多么幸福，都请你不要放弃自我成长。虽然说，一边带娃一边学习很辛苦，但是胜过原地踏步。因为只要你有能力，任何时候都不会被时代淘汰，反而会让爱你的人更爱你。

著名心理学专家李雪曾经说过："女人的自我成长并不是为了取悦男人，也不是为了保全婚姻而委曲求全，而是为了让自己成为一个更加完整和自由的人。"

一个女人只有不断地自我成长，才能有更多的选择，而不是像梅姐那样，因为与社会脱节，让自己处于被动的位置。每一个女人都要不断地学习，不断地成长，这样的话，当风雨来临时，自己才能有抵挡风雨的能力。

杨澜曾经说过："女人永远新鲜的唯一秘诀，就是不断地学习和改变！"

只有你不断地学习和改变，才能修炼成更加美好的自己。只有你变成了更加美好的自己，生活才有更多的可能性，人生才会更加精彩！

你还在等什么呢？就从今天开始努力吧！

懂得提要求，
别做闷葫芦

1

"三八"节的早晨，一向热情开朗的蔡蔡不仅愁眉苦脸，还抱着手机不断地唉声叹气。

我问蔡蔡："你这是怎么啦？"

蔡蔡说："鱼姐，你结婚时间比我长，孩子比我大，正好你帮我评评理。我家那个木头男人，气死我了。我昨天就暗示他了，明天是'三八'啊，是'女神节'啊。他今天竟然毫无表示。你看朋友圈，都是秀恩爱，晒红包的，我怎么就这么命苦？"

我问："你怎么不直接告诉他你想要什么呢？"

蔡蔡说："我自己说，多没劲。难道他就没这点儿觉悟。何况以前没结婚的时候，他可是记得的。难道真的是，结婚了，我就变成了明日黄花，他就不重视了？"

我说："你这么年轻貌美，他怎么可能不重视你。只是男人的脑回路，和我们女人不一样，你要理解啊。悄悄告诉你啊，我老公也没给我发红包、买礼物，不但女神节没有，哪怕是我生日、情人节啥的，都没有。"

一听我这么说，蔡蔡的八卦心思就来了。我总算是成功地转移了她的注意力。

2

其实，像蔡蔡这样恨自家男人是个榆木脑袋的女人，不在少数。

曾经的我，也是这样的。

女人嘛，谁不喜欢浪漫惊喜？但是夫妻之间，在一起生活久了，家庭琐事、孩子的教育、老人的赡养，这桩桩件件的事儿，都需要我们去操心，去规划。

所以日子便渐渐地淡了下来，淡得我们的结婚纪念日、我们的生日，男人可能都没有什么表示。

当然，作为女人，就算我们经济独立，可以给自己买花，可以给自己买很多名贵的礼物，但是男人送的才是惊喜，才会让我们有一种被重视的感觉。

问题是，很多时候，男人的脑回路和我们的并不在一个频道上面。

所以很多时候，女人难免失望，觉得男人不爱自己了，不重视自己了。

所以和自己纠结，和男人纠结，有些人甚至会为此吵架，吵到闹离婚。

其实在我看来，这本来就是一件很小的事儿啊，你想要的，就主动说出来啊。

虽然说，礼物是我们提了要求男人才买的，缺少了那么一点儿惊喜。但是好歹，我们想要的要到了，有点儿遗憾，也不完全是遗憾，对不对？

总比你什么都不说，男人不知道，你一个人在那里生闷气好吧？

3

以前我也是一个只知道生闷气的女人，真正让我发生改变的是我闺蜜桃桃。

有一次，我和桃桃一起逛商场，她看中了一款珍珠项链，戴起来也漂亮，价格也不贵。

但是桃桃犹豫了一下，没有买。

我问桃桃为什么不买，又不是买不起，何况真的很适合她。

桃桃说："过几天，就是我的生日，我想给我老公一个表现的机会。到时候让他过来给我买，这样的话，好歹也算是他送我的礼物，岂不是更好，更有意义。"

我说："难道你老公送你生日礼物，还需要你来挑选，不是他偷偷选好，送你一个惊喜？"

桃桃说："别指望男人去记得你的生日啊，节日啊那些。不然，你多半会失望。当然，这样的好男人有，但不是我老公。我家那个，我也看出来了，他就是不长记性，所以我主动告诉他，给他一个表现的机会。并且我自己选的东西，比他那样的直男挑选的更好看，一举两得，多好！"

桃桃的话，让我醍醐灌顶。

因为我家先生，也是这样一个"事事忘"先生啊。忘到，你问他，我们现在结婚几周年，结婚纪念日是哪一天，他肯定都不记得。当然，他记得我家娃儿的生日。

4

所以从那之后，和我家先生相处，我想要什么就主动说。

本来我也是比较笨的人，一向猜不中别人的心思，何况猜心那么累。男人和我们本就不同，他们怎么会明白我们在想什么？

今年我过生日之前，我说："给我买个蛋糕吧。"因为之前一直在减肥，我戒掉甜食很久了，所以想趁着生日放纵一回。吃点儿甜食，让自己的心情更加甜蜜。

先生很痛快地答应了，但是我们为选哪一家的蛋糕发生了分歧。

我觉得，生日蛋糕嘛，又不是什么稀罕的东西，就在小区门口的蛋糕店，买个小点儿的，就好了。

先生却不这样认为。他说："你难得主动提一次要求。要买就去品牌店，定个好点儿的吧，到时候也好好为你庆祝一下生日。"

好吧，最后，他赢了。我们也皆大欢喜。

要知道，去年我的生日，我还很生气地和他吵架，因为他竟然忘记了。

今年，我换了一种方式，我不觉得自己被亏待了，他也想主动表现自己，所以一切都很好。

5

婚姻里，有两种状态。

一种是，女人等着男人猜自己的心思，猜自己想要什么，然后来满足自己。这种多半会失望，并且很累。

还有一种是，女人觉得结婚都这么久了，都老夫老妻了，多不好意思啊，还提什么要求啊，就这么凑合着过吧。这种多半会委屈自己，很压抑。

这两种，都不是幸福的模式。

聪明的女人会向男人提要求。

我们在婚姻里，适当地提出一些小要求，不仅会让感情更加美好，还能够让我们的日子更加丰富多彩。

比如说，偶尔让他给你买一支口红，买一朵花，陪你看一场电影，或者给你买一样你喜欢的东西。

相信男人都还是很乐意的。并且这小小的要求，也是你们婚姻的调料，会让婚姻不乏味，更美好。

世界那么大，人心那么深，你若不说出你想要的，谁会知道呢？

在婚姻里，与其等着男人给你惊喜，不如你主动提要求。这样的话，幸福感会提升。何乐而不为呢？

所以，女人们，从今天起，大声说出你想要的吧！

婚姻不幸，
请记得及时止损

1

    小雪高中没有上完，因为父亲生了一场重病，她就辍学去打工了。在外面打了六年工，小雪省吃俭用，拿挣来的钱给父亲看病，帮家里在镇上买了一套房子。

    一转眼，小雪已经 24 岁了，她成了父母眼中的"老姑娘"（农村结婚都早），父母有点儿慌了。让他们慌的不仅仅是小雪，还有小雪 22 岁的弟弟。

    弟弟初中毕业，平时就在县城里打点儿零工，他也到了适婚年龄了。弟弟谈了几个女朋友，对方都要求他在县城买房，县城一套房子，最少也需要四五十万。而他们家并没有积蓄。

    父母左思右想，给小雪找了一户不错的人家，要了 20 万的彩礼。那家人在城里做生意，有点儿钱，只是小雪嫁的那个男人，曾经因为打架斗殴坐过牢。没有姑娘愿意嫁给他，现在男人越来越大，他的父母也越来越着急。所以彩礼他们给得大方。

小雪父母收了彩礼，转身给儿子在城里首付了一套房子。小雪是不嫁也得嫁。

婚后，男人对小雪好了两天，因为新鲜劲儿还没过。不到两个月，他就恢复了自己的混混儿本性，经常和一帮狐朋狗友玩得不着家。小雪劝他，他就和她吵。小雪再多说几句，护犊子的婆婆就和她急。

2

本以为怀孕之后，那个男人会收心。谁知道，他不仅不收心，还迷上了赌博。再好的家底也经不起赌，很快公婆的那点儿家底，都被男人败光了。

小雪吵过哭过闹过，也想过离婚。但是婆家说，离婚可以，把彩礼还给他们，小雪才能带走孩子。小雪哪里来的钱呢？以前她挣的钱都给了父母，结婚之后，她帮着公婆看店，婆婆也就给她点儿生活费。

今年小雪28岁，女儿3岁。

她说："鱼姐，你知道吗？这几年，我是吃不好，睡不好，真的是过得一点儿都不开心。前几天，我去买菜，碰到以前的同学，她都不敢认我。因为我脸色蜡黄，头发也白了不少。

"我现在完全被婚姻拖垮了。那个男人，完全指望不上。赌输了，回来对我和孩子，非打即骂。赢了，心情好，还会逗逗孩子，但是孩子不理他。他又怪罪到我头上，找我麻烦。

"我觉得我的心早就死了，明明我才二十几岁，却苍老得像个老太婆。"

说完，小雪问我该怎么办。

我想说，姑娘，这样的男人还不离婚，难道要留着过年吗？

3

对小雪来说，她的婚姻并没有感情基础。婚后，男人对她也不好，她一点儿也不幸福。

这样的婚姻，她首先要做的就是及时止损。因为好的离婚，胜过坏的婚姻。

在坏的婚姻里面待久了，会拖垮一个女人的斗志，会泯灭她所有的希望。

这样的婚姻，让人形同行尸走肉，还留着干什么呢？

可能有人说，你这是站着说话不腰疼。对小雪而言，她没有赚钱的能力，又被婆家以还彩礼来要挟，她怎么离得了？因为她要考虑的太多了。

就是因为她考虑的太多了，所以被人剪断了翅膀，飞不起来了。

如果小雪真的有决心，离开这段生活，有很多办法的。起诉离婚，求助妇联，再不济，自己有手有脚，可以想办法赚钱。

哪一种方法，都比她现在这样困着自己强。

我们都是成年人了，一段婚姻，已经让自己这么不开心了，那么该断就断，及时止损，才是最明智的选择。

可是止损的当时，割裂和过去的这段糟心的关系，有很多糟心的事情会出现。自己也会觉得无依靠，会经历一段难熬的时光。

但是从长远来说，现在的短暂的痛苦，是为了以后长远的幸福，还是值得的。

4

我的朋友晓晓就是这样做的。

晓晓和老公结婚的第五年，发现老公和单位的一个女同事好上了。外面传得满城风雨，晓晓这才发现，她是最后一个知道自己老公出问题的人。

当时她要崩溃了，要知道他们可是大学时期的恋人啊，从大二开始恋爱，恋爱五年，结婚五年。晓晓本以为他们的甜蜜，会一直持续下去，谁知道老公却背叛了他们的婚姻。

晓晓哭过，闹过，每天晚上她的枕头都是湿透的。那段时间，她失眠，大把大把地掉头发，内心憔悴，做什么事情都没有心情。

无助的晓晓求助公婆，公婆看在孙子的面子上，当然不希望他们离婚。他们也劝说晓晓的老公，但是那个男人，在他们前面保证得好好的，后面继续跟那个女人藕断丝连。

晓晓是真的很绝望，老公提出离婚，她不同意。因为她觉得自己已经这么不开心了，都是他们害的，凭什么自己还要成全他们？她不愿意。

于是就这么耗着。

5

耗到第二年的时候，一天早晨晓晓起床，看到镜子里的自己憔悴苍老，原本细腻的皮肤长了很多斑，黑眼圈严重。

她的脸上没有笑容，有的是死气沉沉的苍老。

当时她就流泪了，为自己的固执，为自己拼命耗费的这两年。

突然她很心疼自己，不就是一个男人吗？不就是放他走吗？何必和自己过不去呢？

没了他，地球一样转动，没准儿自己还能过得更开心，最起码还能夜夜睡得安稳，而不是现在这副样子。

就在那一刻，晓晓突然想通了。离婚，放了他，更是放了自己。于是她打电话，叫男人回来办离婚手续。

男人没有想到晓晓会这么痛快，所以在财产分割的时候，做了很多让步。于是晓晓就这么成了离异女人，但是她却觉得很开心。

离婚后，晓晓健身、读书、运动，并且努力工作。一年的时间，她升职加薪，状态越来越好，又恢复了从前的漂亮大气。

她说："我真的像是凤凰涅槃一样重生了。重生的感觉真好。"

情感专家陆琪曾说，在这个世界上，你想要什么，就会得到什么。如果得到了不想要的东西，就要及时放弃，否则就会越错越厉害。

好在晓晓及时醒悟，及时止损，没有坚持错误，一错再错。

今年是晓晓离异的第三年，去年十月她再婚嫁给一个比她小五岁的男人，男人对她温柔体贴，对她的孩子也很好。

我经常在朋友圈看到晓晓秀幸福，大有一副岁月静好的味道。她还是我记忆里的那个"女神"，真好。

想对小雪那样在婚姻中苦苦挣扎的女性朋友说：不要害怕，尽管现在止损很心痛，你要面临很多挑战，但是一定要相信自己，走出来，外面还有更加广阔的天地。

你的人生还那么长，一定要好好爱自己。放弃不合适的，才能找到更加适合自己的！

只要你想，只要你下定决心，相信你一定能做到！

远离差评师，
懂得互相赞美

1

小雅和现在的老公是经人介绍认识的，谈恋爱的时候，小雅就觉得男人不给她留情面，说话不太好听。

但是想想自己是大龄女青年，这个男人除了说话不好听，其他地方都还不错。犹豫了一下，小雅拼命说服自己之后，还是嫁了。

小雅本来以为，这个男人婚后多少会改变一下的。小雅也多次告诉男人，让他尽量多说点儿好听的话。女人嘛，是需要哄的，谁不喜欢听好听的。

但是男人已经习惯了做差评师，怎么可能一下子纠正过来。

今年是小雅和男人结婚的第二年，小雅觉得自己已经受够了这个男人。

不管小雅做什么，他从来都说不好。

小雅升职加薪了，他说："就你，也能升职加薪，你们领导太没眼光了吧！"

小雅穿了一件漂亮的新衣服，问他好不好看，他说："丑死了，赶紧脱下来，没法儿看。"

小雅和同事旅行回来，给男人带了礼物，结果他说："都是中看不中用的，浪费钱。"

小雅新学了一道菜，辛辛苦苦地做出来，端上桌，请他品尝，结果他说："真难吃，不知道你费这个劲儿干吗。"

……

2

刚开始小雅还拼命地忍着，不与他吵架。

但是时间久了，小雅发现自己根本无法忍受。一个人每天和你同居一室，你想和他说说话，聊聊天，可是从他嘴里说出来的，都是不好听的话。

并且不管你怎么努力地去做，他对你从来就只有打击、嘲讽、不屑。再坚强的女人，天天听到这样的差评，也会崩溃的。

小雅说，男人的打击，让她越来越不自信。很多时候，她也会问自己，是不是真的那么差劲。

可是在职场上，同事们都很欣赏她。明明她也是很能干的，为什么回到家里就从来没有听老公说过一句好话呢？

难道自己真的做得不好？要知道，她多么想得到老公的一句肯定啊。但是每次这男人的话，都像是在她心里插刀子。

现在她的自我认同感越来越低。小雅很纠结，这段婚姻是不是从一开始就是个错误。

3

曾经看到过这样一句话：多少夫妻，在漫长的岁月里，硬生生折断了彼此的优点，变成互不欣赏、互相打击的对手，在婚姻的竞技场上，用尽全力、耗尽一生地做彼此的差评师。

而小雅的老公，就是一个极品差评师。虽然我们不知道，他对爱人的打击和否定是出于什么心理，但是有这么一个丈夫，对妻子来说，就像灾难一样的存在。

也难怪小雅会产生自我怀疑。明明她是那么优秀，那么美好，但是在她老公那里，连一句肯定的话也没有得到。时间长了，这样的婚姻，只能让人心生绝望。

其实，很多人的婚姻，确实是这样的状况。爱情慢慢消散，两个人变成了亲人，越来越熟悉。很多人，就渐渐地看不到对方的好了。

有些人，也可能是看到了对方的好。但是呢，因为私心，他们不愿意夸奖对方。

有时候，可能一个人的一句话，会引发一场家庭大战。这样的战争，本来是可以避免的。只需要一句好听的、真诚夸赞的话，或者是鼓励、肯定对方的话。

多数夫妻是因为相爱走到一起的，只是时间久了，很多人忘记了，爱需要赞美和肯定对方。

即使有时候对方做错了什么，只要他的动机是好的，你就应该肯定和鼓励他。千万不要在这个时候再去打击他，因为这时候，他也很自责，更需要得到你的肯定。

如果你真的非常生气，那么闭嘴，什么都不说。这样也好过口出恶语，伤人于无形。

赞美是维持婚姻的有效润滑剂，所以我们千万不要做爱人的差评师。

用温柔的态度代替泼冷水，才能让夫妻感情有温暖有温度。

4

我的闺蜜娟娟的爸妈，今年已经结婚四十年了。

叔叔和阿姨，从来没有红过脸。以前娟娟和我说的时候，我还不相信。因为哪对夫妻不吵架啊，没有想到还真有例外的。

去年我去娟娟所在的城市出差，被邀请去她家吃饭。我从上大学的时候，就知道她爸的厨艺很好，岂能不去？

吃饭的时候，叔叔准备了一大桌子好吃的，南北兼顾。我吃得停不下来。

阿姨不停地叫我吃菜。每吃一道菜，她都会对叔叔说："这道比你上次做得好吃，做饭水平越来越好了。"

叔叔听了阿姨的夸奖很受用，说："你喜欢，下次继续做。"

吃完饭，阿姨主动把叔叔推到沙发上去休息，说："你这几天辛苦了，就陪她们聊聊天吧，我来洗碗。"

那天临别的时候，阿姨决定送我下楼，顺便去逛超市。她换了一条玫红色的新裙子，像是个小女孩儿一样，问叔叔好看不。

叔叔认真地看着她说："好看，好看，这个颜色很衬你。"

阿姨满意地转了几个圈。娟娟悄悄地对我说："你看我爸和我妈又开始秀恩爱了，真是受不了他们了。"

我说："挺好的，天天被这样幸福的爸妈感染，多好！"

5

和娟娟一家分别，坐在地铁上，我想了想阿姨的快乐和纯真，真的很羡慕她。

因为她有一个好老公，他懂得赞美她，所以阿姨看起来年轻，每天心情好，过得也快活。

有一个懂得赞美自己的男人，真的很重要。

对于女人来说，吃什么，穿什么，有时候并不是那么重要。重要的是，我在你眼里如何。我想听到你的赞美，你的赞美就像春天的风，那么暖。你一夸我，世界就变得美好起来。

其实对男人来说，也是如此。家里有个天天赞美他的妻子，每天回家都像是置身于春天，一切都是那么舒适。这个男人的事业发展肯定会更顺利，幸福指数也会提升。

所以说，我们想让爱人好，就要毫不吝啬地夸奖他。

赞美，是婚姻的营养土。多赞美爱人，多发现爱人的好，这样的话，我们的婚姻，幸福指数更高。婚姻的大树，才能枝繁叶茂，永远长青。

想要思想独立，
首先必须经济独立

1

大概是一年前，有位叫小雅的女读者加我，倾诉她的烦恼。

小雅初中毕业不久，就出去打工了。这一出去，就是十年。十年里，她用挣来的钱帮家里盖了新房，帮弟弟娶了媳妇。然后她自己也熬成了"老姑娘"。

在小雅的老家，年轻人很早就结婚了，所以 20 多岁的她成了父母的心头大患。父母四处托人给小雅介绍对象，终于看到一个不错的。

小江比小雅大两岁，有过短暂的婚史，但是没有孩子。并且小江家在县城有房子，父母做点儿小生意，条件相对还不错。

在双方父母的安排下，小雅和小江认识不到三个月就举行了婚礼。小雅也没有觉得不妥，反正迟早都是要嫁的。

可是她忘记了小江还有个前妻。

2

小雅是在快生产的时候，发现小江和前妻旧情复燃的。她吵过闹过，都无济于事。

前妻终究是小雅心里的一根刺。这位前妻当初以性格不合适为由，拼命和小江离了婚。但是再婚后，她发现所嫁的那个男人，还不如前夫好。所以就和小江又纠缠上了。

小雅找我倾诉，是因为她不管是哭还是闹，小江只是收心了两天，然后和前妻照旧。

小雅说她想离婚，很想离，一天也过不下去了。

那时候她的孩子还不到半岁，每个月奶粉、尿不湿，还有七七八八的花费，差不多要2000块钱。

我问了她一个问题：现在离婚，你有钱养活孩子吗？因为结婚后，小雅就没有去工作了。并且她当年存的那点儿积蓄，除了支援家里，结婚的时候自己置办嫁妆，也差不多花光了。

可能是我问的问题太现实，小雅迟迟没有作声。

我说："想离婚，你得先把自己养活了再说。你公婆身体还不错，可以让他们帮你带孩子，你出去工作。等你有经济能力了，再来考虑离婚。"

后来小雅没有回复我，而我一如既往地忙碌，也忘了问她的情况。

直到前两天小雅又给我发信息，我才发现一年前我和她的聊天记录。

3

这次小雅找我，我才知道她不仅没有离婚，并且也没有出去工作。我在心底哀叹一声，我果然叫不醒一个装睡的人啊。

小雅说，她觉得不好意思找我，因为她要带孩子，没有出去工作。而她老公，已经不回家了。因为前妻又离婚了，他们可以畅通无阻地在一起了。

以前她吵她闹，她老公只是摔门而出，现在她老公好像是吃准了她不敢怎样，不仅对她动手，还说："有本事，你就离婚啊，早点儿离！"

这时候小雅只会哭。可是哭也解决不了问题啊。

这一年的时间，她如果用来工作，哪怕在小县城月薪2000，也足够养活自己了。这时候，面对这样的男人，完全可以干脆豪爽地一脚踹了他。但是她没有。所以现在她老公已经吃准了她没钱，养不活自己，不敢离婚，越发嚣张。

我能做的只是听小雅哭诉，因为该说的一年前我就说了，如果她自己不改变，谁也拯救不了她。

是的，婚姻里最难的不是男人变心，而是想离婚却没钱。

亦舒在《我的前半生》中说过："永远都不要低估男人在分手时的冷酷，女人最傻的就是为所谓的家庭放弃工作。想要思想独立，首先必须经济独立，起码在曲终人散时还能有养活自己的能力，能让自己有尊严地继续生活！"

一个女人只有经济独立，才能在男人面前有骨气，才能在遭遇背叛、婚姻不幸的时候，给自己更多的选择。如果经济不独立，那么在那时候，只会让自己很被动，甚至寸步难行，处处受到掣肘。

这些都很现实，却也是生活中最真实的写照。

4

在我公众号的后台，我经常见到很多留言。

出现频率最高的一条，就是男人背叛了婚姻，女人就一定不要忍，要立即离婚。

我能理解读者的心情。那些背叛了婚姻的人，就像掉进茅坑的钱，不捡觉得可惜，捡了觉得恶心，还不如弃而远之。

只是弃之前，我们要考虑的东西太多了。所以有些人，纠结之下，只能继续忍受着恶心。

而那些勇敢弃而远之的女人，多多少少都是有自己的底气的。要么自己有钱，能挣钱，要么娘家有钱，能给自己做后盾。否则，女人真的是太艰难了。

毕竟我们不能为了赌一口气，让自己和孩子无家可归，寸步难行。

婚是要离的，但是在离婚之前，肯定也不能意气用事，最起码要争取合理的利益，让自己的生活有保障。

说到底，女人只有自己有钱，才能理直气壮地做自己喜欢做的事，对自己不喜欢的生活和人说 No。

5

我曾经听过一个特别励志的故事，这个故事是我们写作班一个学员的亲身经历。我们叫她小露吧。

小露是在孩子 2 岁的时候，发现老公有情况的。小露也找老公谈过，她老公说会改，但是她老公依然和外面的女人藕断丝连。

时间久了，小露也死心了。毕竟天天吵架，对孩子的成长也不好。哭也不能解决问题，那么唯有自立自强。

带了两年孩子的小露，仔细地分析了自己的情况。辞职之前，她是一家私立学校的语文老师。虽然没有编制，但是她的教学风格，学生还是喜欢的。

所以小露打算收几个孩子，做培训。小区周末也有托管班，大不了周末自己忙的时候，把女儿送去托管班。

正当小露打算做的时候，她的一位前同事辞职，自己创业，拉她合伙。小露就这样成了合伙人。刚开始，其实只有她和同事两人，一人负责语文，一人负责数学，还要考虑招生的事情。

忙碌的时候，她不是把孩子交给同事就是放在托管班，因为她老公已经很久不回家了。小露就当他不存在，想多了，心痛。有那工夫，还不如考虑下自己该怎么办。

经过半年的艰辛，他们的培训班开始盈利，一年之后培训班生源稳定，而小露的女儿也上了幼儿园。这时候，她比之前瘦了十几斤。但是口袋日渐丰满，她有了底气。

于是她发微信给那个不怎么回家的男人，让他回来签离婚协议。那个在外面玩得乐不思蜀的男人，在离婚之前，对小露说："你变了。"

小露笑着说："这还得感谢你！是真心感谢你，如果不是你，我现在搞不好还是个全职妈妈。"

离婚之后的小露，除了经营自己的培训班，业余时间，她也会参加我们的写作培训班。那时候的她，阳光自信，浑身散发着成熟女人的魅力。

对了，就在前几天，小露成功地再婚，嫁给一个小她6岁的"小鲜肉"。

我问她怕不怕？她说不怕，因为她再也不是过去的自己了，随时可以选择自己想要的生活方式。她要让自己过得更开心一些。

是的，当一个女人经济独立时，有没有男人，她都能过得很好。并且经济独立之后，她可以选择自己喜欢的生活方式，不会委屈自己！

以前看到过一句很"扎心"的话，婚姻中的幸福，老公能给，但是婚姻中的底气大多是钱给的。愿每个女人都能经济独立，有能力选择自己想要过的生活！

舒适的婚姻，
都有这个特征

1

在上班的公交上，收到读者小娟的求助。

小娟说自己想离婚，这样的日子，她真的受够了。

全职在家的小娟，为了重拾儿时的爱好，报名了一个写作培训班。前面她背着老公听课，越听越喜欢。

这几天，她根据老师讲的来练习写作，准备交作业。

谁知道，她辛辛苦苦地写完的两篇文章，不翼而飞。

小娟一想，就明白了，肯定是老公偷偷地把她的文章删了。

因为前一天晚上，她老公为了查点儿资料，用过电脑。但是小娟没有想到，她老公竟然这么过分。

气炸的小娟，问她老公，是不是他删除的。她老公一脸无所谓地说："是我删的，就你那样子，还想写文章？别做梦了吧，在家带好孩子才是正事儿。以后，别搞这些乱七八糟的了。"

什么叫乱七八糟的？我可是很认真地在学习好不好？

小娟和老公吵了起来。

越吵她越伤心，越觉得自己委屈。因为这几年，只要是她老公不喜欢的事情，他就不让她做。

比如，小娟看见自己的好朋友都在学习烘焙，她也有兴趣。毕竟自己做的更健康。她兴致勃勃地买了个烤箱，还有烘焙食材。

结果被她老公好一阵骂，他说她败家，完全是浪费钱，净搞这些没用的玩意儿。

最后，小娟只好把烤箱退了，烘焙食材也送人了。老公这才满意。

小娟想去学古筝，她老公一样是打击她："就你那手，还想弹出好听的曲子？"老公一脸嫌弃的表情，小娟的热情顿时消失了。

2

这几年，小娟也不记得她老公到底扼杀了她多少兴趣爱好。

而这次因为写作事件，她被压抑的怒气全部爆发了出来。

在小娟眼里，婚姻就是一个禁锢她的牢笼，她必须围着老公和孩子团团转，一点儿自由都没有。

这样她老公才满意，而小娟却一点儿也不开心。

原本的小娟热情活泼，就像是一朵娇艳的玫瑰，而现在的她日渐枯萎。

我想小娟的老公忘记了：好的婚姻，是彼此尊重，尤其是要尊重对方的爱好。

只是太多的时候，很多人都忘记了，夫妻彼此是独立的个体。他们都是站在自己的立场上来要求对方，让对方按照自己的意愿去做，比如说小娟的老公。

他们以为这就是爱，却不知，最深厚的爱是尊重对方的意愿。

而最大的伤害，就是违背对方的意愿。

女作家苏芩曾经说过："舒适的婚姻中，要懂得给予对方空间，要让彼此有自由的私人领域。"

一个真正懂得尊重女人的男人，是不会打击你的爱好的，更不会强迫你去做你不喜欢的事情。遇到事情，他会主动听你的意见，甚至在两个人出现分歧的时候，他也会把你的喜好放在优先的位置。

这才是好的婚姻的模样。

3

写到这里，我想起了我的姨姥姥。她这一辈子，逍遥快活，是真的活成了很多女人都羡慕的模样。

姨姥姥年轻的时候，就喜欢抽烟。姨姥爷不抽烟，他也不赞同姨姥姥抽烟，怕伤身体。

可是姨姥姥说："我就是喜欢这两口，你要是让我戒掉，我会很难受的。"

好吧，姨姥爷最终还是妥协了。只是他要求，姨姥姥每天最多抽两根。姨姥姥也认同他的话。她现在 70 多岁了，每天抽烟还是不会超过两根。因为她懂得，这是姨姥爷对她的爱护。

姨姥姥还特别喜欢种花，姨姥爷在院子里，给她砌了一个很大的花坛。每次在外面看到谁家有好看的花，姨姥爷都会主动去询问能不能移植一株。只因为姨姥姥喜欢，他就上了心。

现在他们两个老人，依然住在乡下。这几年，乡下的人，都搬到镇上或者城里了。儿女们给两个老人也在镇上买了一套房，但是姨姥姥说："我不喜欢住那里，怪闷的，还是乡下更自在。我们还能养鸡养鸭，种点儿菜，日子多好。"

好吧，姨姥爷听了她的话，也就不想出去住了。

现在，两个老人的房子周围都是花草，大半个村子就他们两个老人，却也是他们的世外桃源。

每次我父母去看他们，都说他们的生活好到让人羡慕。

我姨姥姥还是那副模样，也不显老，内心快活得像是个小孩子。我妈那辈人，虽然也都老了，但是依然喜欢去我姨姥姥家，去感受她的快活。

最好的爱情莫过于守护彼此的童心，尊重并爱着对方最真的模样。

真正爱你的人，一定会尊重你的爱好，守护你的梦想，他喜欢你快乐的样子，所以愿意成全你。

4

以前我在上心理咨询师课程的时候，曾经遇到一对退休的老夫妻。

老太太，我们都叫她刘姐。刘姐在退休后，突然迷上了心理学。

那段时间，我们周末有课。

每个周六的早晨，我去上课，都能看到刘姐夫妻。刘姐的爱人对她千叮咛万嘱咐的："你赶紧去上课。我就在这里等你，要是你下课看不到我，一定要给我打电话。"

我们都羡慕他们的甜，谁知道刘姐却说："他是怕我迷路，不放心我，才要跟着我的。"

刘姐的家到我们上课的地方，要倒两趟地铁，还要坐两站公交。

正好她丈夫退休在家，所以主动来陪她，防止她迷路。

不知怎么的，第一次听说的时候，我的眼睛竟然湿润了。我心里特别佩服刘姐夫妻，尤其是她丈夫。他对她的爱好，那么支持。

不过，刘姐告诉我们的却是另外一个版本。她丈夫也觉得她年纪大了，好不容易退休了，该去享受生活的。他本来不赞同她学习，但是见她热爱，还是选择了支持她。

是的，夫妻之间最好的尊重，就是有时候他未必会赞同你的喜好，但是你若想去做，他必定是背后那个拼尽全力支持你的人。

5

在生活中，很多夫妻吵架或者闹矛盾，是因为不尊重对方。

明明他喜欢吃面，对方不喜欢，就各种打击；

明明她喜欢唱歌，对方各种嫌弃，只因为自己不喜欢；

明明他喜欢浅酌两杯，对方不喜欢，就各种讽刺；

明明她喜欢跳舞，对方却从各个角度嘲讽她……

你不尊重对方的喜好，不顾及对方的感受，还谈什么喜欢呢？

在婚姻中，丧失了尊重感，是很难让人有归属感的，只会让两个人之间的嫌隙越来越大。

而夫妻之间，只有互相尊重，尊重彼此的爱好，才能使婚姻更加舒适。

只有在舒适的婚姻当中，彼此相处才不累，才能走得更远！

接纳小意外，
接纳生活的无常

1

下班路上堵车，回到家已经快 8 点了。

打开手机，看到好友小月发来的信息，问我在不在，她要来找我。

小月知道我很忙，除了周末，平时一般不会找我。我想她肯定是遇到事情了，所以就回复信息，让她过来。

小月来的时候，两眼都是红的，脸上还有泪痕。这个平时爱说爱笑的女孩儿，今天完全不同。

我让她说到底发生了什么事儿。

小月这才哇地哭出来。在她断断续续的讲述中，我才知道事情的起因。

傍晚，小月在厨房做饭，2 岁的儿子在客厅自己玩积木。小月边做饭，边不时地从厨房探出头看孩子。孩子表现还不错，小月也就放心了。

就在她放心的时候，却突然听到孩子大哭的声音。

小月赶紧跑过去看，原来孩子摔倒了，嘴巴磕在卫生间的门槛上，嘴唇磕破了，流了不少血。

小月抱着孩子，心疼得不行，边哄孩子，边帮他止血。

就在这时候，她老公回来了。

男人先闻到了厨房的煳味儿，赶紧去关了火，打开门通风。

等他进到客厅，看到孩子在哭，嘴巴还在出血，第一反应不是安抚孩子，而是指责小月："你看看你，厨房的菜都糊了，孩子也看不好，你还会做什么啊？"

小月本来就内疚，男人的话无疑是火上浇油。

她心里的火气噌地出来了："孩子受伤，你以为我愿意吗？我边做饭，边看孩子，还不是为了你回来有热饭吃，我是为了谁呢……"

2

两个人越吵越凶，刚安抚好的孩子，也跟着哇哇大哭起来。

小月觉得自己受够了，所以把孩子扔给老公，自己没有吃饭，就跑了出来。

在小区的湖边坐了很久，她不知道自己去哪里，其实心里也是不放心孩子，所以就想着来找我聊聊。

我知道小月只是需要我倾听，所以我认真地听她说完。又去给她拿了酸奶，切了水果。

我说："你们之间也不是什么大事，一会儿还是回去，好好过。"

我正说着，家里门铃响了。

打开门，门外站着小月的老公，他抱着孩子。

我赶紧让他进来，问他孩子的情况，又去拿了消炎药，帮忙给孩子上药。

这时候，小月的老公倒也识趣，我给他使了一个眼色。他立马过去给小月道歉，说自己错了。

刚开始小月还不理会他，后来大概见他说得诚恳，最终答应和他一起回家。

送走他们一家，我的心情却不平静。

多少婚姻，败在两个人遇事责备上。

因为责备的话一旦说出口，好好的关系，也会降到冰点。甚至对方会因为你不分青红皂白的指责而觉得委屈。然后情不自禁地为自己辩解。在这个节骨眼儿上，两个人情绪都不好，很容易引发家庭大战。

是多大的事儿吗？很多事儿，根本就不是什么大事儿。只是因为责备，我们丧失了理智，所以满口恶言，伤害了夫妻感情。

所以说，遇到事情，一定要学会换位思考，不责备，不抱怨。先想办法解决问题，这才是最好的办法。

3

闺蜜橙子曾经给我讲过她的糗事。

那是她拿到驾照，学会开车不久发生的事儿。周末，就想着自己去练两把。她老公那天正好有事，去单位加班，不能陪她。走之前，他还一再叮嘱橙子不能偷偷开车出去，等他回来教她。

可是车瘾来了的橙子，哪里还顾得了那么多？她就想着，我不靠你，我一样也可以。

结果橙子刚把车开出去半小时，就成功地"亲吻"了另外一辆车，并且橙子还是全责。

当时橙子吓得懵了，还是对方车主的责骂让她清醒过来的。好在她车速不快，就是她的车头被撞坏了，人没事儿。

清醒过来，橙子觉得自己真的是劫后余生。她也不管对方车主怎么想，第一反应是拨通老公的电话，说："老公，我出车祸了。"

刚到单位的男人，吓得魂飞魄散，手机都差点儿拿不住。他赶紧问她怎样，人是否有事儿。

虽然橙子一再表示自己没事儿，但是她老公还是以最快的速度冲出办公室，去找她。

后来这件事儿，让她老公一度沦为同事们的笑料。他们觉得他太爱自己的老婆了，一点点小问题，就吓成那个样子。

橙子说："你知道吗？我最感激的是，我老公没有责备我，首先想到的是我的安危。很多男人，陪女人练车，都会说女人笨，所以他们打击得女人不愿意和他们一起练。却不知道，有时候他们越是责备，女人就越是沮丧，越是觉得自己一无是处。好在我老公是个好老师，后来他监督我练习的时候，特别有耐心。"

有了这么一个好师傅，现在的橙子已经是一个车技不错的老司机了。

聪明的夫妻，都知道遇事责备也无济于事，责备只会让双方都痛苦，只会让事情变得更糟糕。

还不如，多鼓励和安慰对方，自己多道歉，多反省。这样的话，双方都会觉得舒服。夫妻感情，也在经历过一次次的小挫折之后，而变得更加坚固。

就像是橙子　通过这么一件小事，懂得了老公对她的爱，所以她会更加珍惜自己的婚姻。

4

但是很多夫妻，并不明白这样的道理。

也或者说，他们明白，但是遇到事情的时候，他们内心充满了攻击和伤害，难以做到。

生活无常，世事无常，总有很多的小意外，或者小困难，在等着我们。谁的人生都不是一帆风顺的，我们总会遇到一些小挑战，遇到一些小麻烦。

要学着接纳，接纳这点儿小意外，接纳这些生活的无常。接纳之后，情绪会渐渐地平和下来，这样我们才能找到解决问题的出路。

万一控制不住，一定要深吸一口气，尽量让自己冷静下来。

要知道，你不希望有意外，对方肯定更不希望。谁的心情都是一样的，这就更需要夫妻之间互相体谅，而不是互相指责。

遇事不责备，是每对夫妻的必修课，也是我们一辈子的必修课。只有修好这门课，夫妻感情才会越来越好，夫妻之间才能充满温情！

爱到极致，
不过是坚持为他做一件简单的事

刷微博，看到一段视频。

视频里拍摄的是江苏淮安的一对老夫妻。年近七旬的王奶奶在雨中卖菜，她的老伴谢爷爷骑车把做好的饭送过来。

谢爷爷每天早起陪着王奶奶一起去摆摊，摊位弄好后，他就回去准备做饭。

王奶奶摆摊的地方，离他们的家将近十里路。谢爷爷就这样每天骑着自行车给王奶奶送饭，已经坚持快三十年了。

这三十年，两个人也从中年走到了老年。而不变的是那份爱。

王奶奶说两个人是互相配合的，一点儿也不辛苦。谢爷爷不认识菜的品种，也不记得价格，所以她摆摊，谢爷爷负责做饭。

有网友评论说：

奶奶：我不知道什么叫浪漫，我只知道，我的一日三餐，都有他的陪伴!

还有网友说:

三十年!我觉得能为一个人做一件简单的事,就是极大的爱了!

我觉得像谢爷爷这样,能坚持为王奶奶做一件简单的事情,这就是爱到了极致。

真正的爱情,没有那么浪漫,而是夹杂着柴米油盐的琐碎。

真正的爱情,更是需要两个人的努力,一个人努力为家人遮风挡雨,另外一个人就要陪着他(她)坚持到底。

只有两个人劲儿往一处使,爱情才会更坚固,婚姻才会更幸福,家庭才会更和谐。

当然,对于女人来说,遇到一个肯帮或者主动帮自己分担的男人,并不是一件容易的事儿。

公婆最近过来了,我基本上每天都会听到我婆婆说我公公烦。

其实我婆婆脾气好,把无奈和生气都吸收了。

因为公公各种不讲究,加上从来没有帮婆婆分担的意识。

孩子小的时候,一家人为了娃忙得团团转,只有公公最闲。我们忙着哄孩子,喂孩子吃饭,甚至都吃不上饭。

只有公公最轻松,不是他不想帮忙,因为他一旦出手,必然是帮倒忙。

婆婆跟了他一辈子,我不知道她年轻的时候有没有抱怨。反正现在老了，她会因指望不上而失望、难过、委屈。

身为女人，我有时候也替婆婆觉得不值得。

我更是能够想象她之前的日子。和男人一起在外面忙碌了半天回来，男人坐在客厅里看电视享受，她一个人在厨房里做饭，还要忙碌其他的家务活儿。

这是非常不公平的。

那时候可能婆婆周围的人都这样，她没有意识到，也不觉得委屈。

到了老年，自己需要帮忙，我公公连一顿饭都不会做，婆婆的委屈才会喷发而出。

如果公公肯帮婆婆分担一些，哪怕是把最简单的包饺子学会，到了老年，也能够很好地照顾自己，婆婆也会省心很多吧。

而不是像现在这样，对婆婆偶尔的嫌弃和委屈感到无奈。

一旦一个男人肯主动帮一个女人分担，不管是做家务还是带孩子，女人都会觉得自己被爱着，心里甜，充满感恩。

其实很多时候，女人需要的并不多。就是男人看得到她的辛苦，主动帮她分担。

爱情对于公婆那辈人来说，好像不存在，更多的是亲情。

但正因为是亲情，才需要我们更好地帮另外一半分担。

现在的年轻人更注重爱情的感觉，但是爱情最终也要落实到婚姻。

需要我们忙碌一日三餐，需要操心孩子和各种家事。

所以，女人有时候真的要狠下心来，放手让男人去做。

毕竟我们漫长的人生始终充满着烟火气。

比如说，刚开始恋爱，趁着男人追你的热度还没有消失，他愿意为你付出，就培养他的各种家务能力。

这时候也许是最好的时机，因为男人爱你，渴望和你在一起，他愿意为你做出改变。

过了这个时间点，再好的爱情，也消磨得差不多了。想要改变一个人的最佳时机已经过了，改变的动力也消失了，很难改变。

就算改变，也会经历更多的波折。

所以，姑娘们一定要把握好这个合适的时间点。

再来说谢爷爷，他这半辈子，都在做一件简单的事。

我看评论有人说，爱人给自己送饭，只坚持了不到一个月就抱怨连连。

就我自己而言，我也做不到谢爷爷这样。

男人能把一件简单的事情做好，作为女人，我们要知足，更要感恩。

因为你不可能让男人每一方面都好。让他们兼顾家务，还得多赚钱，这一点基本上不可能。

这样看来，其实王奶奶是个聪明的女人，所以这辈子她才能活得通透。知道谢爷爷不是做生意的那块料，那么就让他去分担其他的活儿吧。

有时候从老年人身上，我们能够学到更多的人生智慧。

爱情，真的不是说让一个人去为另外一个人做多么惊天动地的事情。

很多人的一辈子，是平平淡淡的。没有那么多的大事记，过着平凡的日子，走过平凡的一生。

相濡以沫的感情，不需要怎么样，只要彼此体谅，互相分担。

就是这么简单。

在钱财上过于计较的男人，
不能嫁

1

莉莉是我的读者，我们认识将近两年。

前几天，她让我帮她分析分析。

莉莉和老公结婚三年，两个人一直在省会城市打拼，孩子在老家由公婆帮忙带着。

莉莉一直想在家乡的小县城买一套房子，所以这几年，为了赚钱她吃了不少苦。

她和老公的矛盾就在金钱上面。

刚结婚的时候，莉莉本想帮老公保管钱，但是她老公却主动说，我们各自的钱各自管吧，每个月我负责房租水电费，家里其他的生活开支由你负责。

莉莉其实是有点儿生气的。恋爱的时候，他们各自的钱各自花，很正常，毕竟那时候他们还没有真正生活在一起。但是现在他们都结婚了，还这样。她感觉男人有点儿防着自己。

莉莉闹了两次，男人依然没松口。莉莉也死心了。好吧，既然他打算 AA 那就 AA 吧，反正她也不想占他便宜。

2

但是现在问题来了。

莉莉这几年省吃俭用，存了十来万。她想着在这个基础上，她老公再出点儿，两人在小县城付个首付是不成问题的。

何况在城里有了房子，教育、医疗肯定都比乡下好，对孩子也好。

但是莉莉和老公商量的时候，男人竟然说："要买，你去买吧。我没钱。"

莉莉顿时气结，她反问男人："你这几年存的钱呢？你的工资比我可是高了不少，我就不相信，你一分都没存。"

但是无论她怎么说，男人就是一口咬定自己没钱。

莉莉这才发现，自己刚开始就犯了一个错误，并且错得离谱。

她越想心里越慌，对自己的婚姻越不看好。

说实话，我不知道莉莉的老公到底有没有存私心，但是他肯定是给自己留了退路的。

在婚姻里，男人对女人的责任，部分就体现在物质的付出上。

3

曾经看到过一句话：最牢固的感情，不是心灵的交接，而是物质的捆绑。

这也是很多男人想要离婚，最终方方面面地权衡一下，又悄悄地放弃了这个想法的原因。

因为离婚的成本太高，毕竟在婚姻里，夫妻是合伙人。散伙的时候，家产也有女人的一份。

莉莉这样的女人就太可怜了，压根儿不知道自己的男人挣了多少钱。两个人根本没有物质的关联。

著名女作家苏芩曾经说过："在钱财上过于计较的男人不能嫁。因为对身边女人太算计的男人，内心都有三分毒。"

因为过日子到了最后，不光跟爱情有关系，大气的男人能让生活更舒适。

甭管他有多少钱，花在你身上的永远比花在他自己身上的多一点儿，最起码他是真的把你放在了心上。

夫妻两人，在金钱上分得清清楚楚。这就是短命婚姻的征兆。

一个真正想要和你走下去的男人，肯定会如实告诉你他赚了多少钱，会主动把金钱交给你保管。就算你不善于理财，男人保管钱财，家庭的大开支，肯定也都是夫妻双方商量着来的。

而一个男人，一开始在金钱上就对你遮遮掩掩的，不肯为你花钱，不见得他不爱你，只是，他压根儿就不确定会跟你有未来。

4

我的好朋友小梦属于高嫁，因为男人家庭条件不错，有房有车，而小梦是从农村走出来的孩子，家庭负担比较重。

这个男人做得特别好的一点就是，和小梦领完结婚证的当天晚上，他就把自己的银行卡和工资卡、房本都交给了小梦。

他说："老婆，这就是我的全部家当。以后，你就是这个家的女主人，由你保管。房子我早就付了全款，但是没关系，明天我们就去问问，看看怎样才能把你的名字加上。"

小梦听了特别感动。她说："那一刻，我才真正有了家的感觉。因为这个男人是用真心在对我，不管他有多少钱，愿意交给我，那就是他爱我的表现。"

是的，男人的钱在哪里，他的选择就在哪里。

一个男人愿意把钱交给你保管，愿意把他的钱给你花，除了爱，还有他想要和你一起走向未来的决心。

要知道，钱和时间，是男人最珍惜的两样东西。

如果他一样都不舍得给你，那么这样的婚姻或者爱情，劝你趁早离开。

5

我和先生刚开始谈恋爱的时候，他就把他的银行卡交给我了。

我不要，他硬是塞给我，说让我买点儿好吃的。

那时候，我们都很穷。他的银行卡上，也就几千块钱而已。我心想，要是我都去买了好吃的、好看的衣服，以后得喝西北风啊。

但是他这样的态度，是让我觉得安心的。

先不说别的，我们刚在一起，他就愿意把钱交给我，说明他是信任我的。

如果他不打算和我有未来，大可不必。

不过后来，我还是没有花他的钱，而是都存着，为我们的小家添砖加瓦。

真正结婚之后，我是个马大哈，在自动取款机上取钱，总是忘记拿银行卡。所以家里的钱一直是先生在掌管。

有什么需要花钱的地方，该给双方父母孝敬多少，该添加什么东西，投资啊什么的，我们都是一点点商量着来的。

所以，在金钱上面，我们没有分歧。但是就这一点，我们的婚姻的幸福度就比别人高了不少。

要知道，婚姻里的很多矛盾，看似是人的问题，其实还是钱的问题。

6

奉劝各位姑娘，如果此刻你未婚，那么一定要记得：在钱财上过于计较的男人，不能嫁。

那个第一次相亲，连请你吃一盘麻辣小龙虾都斤斤计较的男人，基本上，你可以不用考虑他了。

已婚的女人们，也要时刻警惕：如果你老公在金钱上对你并不透明，那么你就不能大意。

因为这时候的男人，想藏外心太容易了。这也是很多离婚大战中，女人吃亏的原因——对男人的财务状况不明确。

女人一定要明白，爱情终究还是要落实到穿衣吃饭，是需要钱的。找一个在金钱上不计较的男人，或者说找一个愿意为你花钱，愿意把家里的钱袋子交给你保管的男人太重要了。

说到底，女人未必对金钱有多么在乎，我们在乎的是男人的态度。

你让男人太放心的时候，
就是他放弃你的时候

1

早晨起床，在微信里看到一位叫小锦的读者留言，留言是凌晨一点发给我的。

她是这样写的：

胖鱼，我知道不该这么晚打扰你。但是我真的太需要找个人说话了，所以我就当你在我对面吧。

我和老公恋爱两年，结婚五年，孩子四岁。老公工作忙，收入不错。我工作相对轻闲，所以家里孩子我管，家务我做，两边的老人，我尽力照顾。平时家里人情往来，一概事情都是我操持。

我老公经常在外出差，一走就是十天半个月的。男人嘛，都有野心，我也希望他事业有成，这样对我们来说，也是福气。所以我尽我所能地支持他。

孩子小的时候，有好几次深夜发高烧，都是我和我妈带她去医院的，怕打扰老公的工作，我从来都没有告诉他；

家里的马桶和灯泡坏掉了，都是我修理的，有时候实在搞不定，只能找修理师傅；

去年婆婆生病，我把孩子交给我妈，请了一周的假，在医院衣不解带地照顾她，而老公在外地出差，等他知道的时候，婆婆已经出院了；

孩子上幼儿园，需要排队抢学位，别人家都是爸爸通宵排队，而我们家，只能我来……

我做了这么多，为的不过是让他放心，让他在工作的时候，不用担心家里。

我这么努力地把自己变成女汉子，不过是不想给他添麻烦，为了我们一家人的生活变得更好。

却没有想到，他今天晚上回来，会向我提出离婚。这个剧情太俗套了。

我以前只是看别人的故事，还觉得好笑，真的轮到自己身上，才发现现实是多么苍白无力。

最搞笑的是，老公坦白了和那个女人的事情之后，说："她离不开我，你那么独立，能够很好地照顾自己和孩子。所以希望你成全我。"

当时，我的心情真的是没有办法形容。

说完之后，老公就走了，留下我一个人在家里。我想哭，可是连哭都哭不出来，只恨自己太蠢啊。

难道我这几年的付出，真的不值得吗？是我做错了吗？

2

其实站在家庭的角度来说，小锦做得挺好。但是她错就错在让男人太放心了。明明她没有那么强大，很多事情，却硬是扛了下来。

扛下来没有错，她却不肯向老公说一声，彻底给他造成了小锦就是无所不能的女强人的错觉。

然后，他就从心底忽略了，其实小锦也是个女人，是一个需要被爱护的女人。

他觉得小锦无所不能，事实是小锦因为爱他，所以硬生生地咽下了所有的苦。

苏芩曾经说过："假装是男人，是因为我们不想给男人添麻烦。不过，久而久之，男人也就真的把你当成男人使，什么事都舍得让你独自去扛。所以，女人终究还是不能让男人'太放心'。当你让男人太放心了，他也就不会把心过多地放在你身上了。"

女人想要男人安心工作，在背后默默付出，在男人眼里，这是你懂事的象征。

而太懂事的女人，注定没人疼。

相比之下，一个爱闹爱哭爱撒娇的女人，绝对比一个太懂事的女人幸福，因为她更有存在感。

这也就是小锦会败给那个女人的原因吧。

所以女人一定不能让男人太放心，因为你的让他放心，他未必会领情。或者说，他根本就不懂得你的辛苦，怎么去体谅你？

该诉的苦还是要诉；该让男人解决的问题，还是要让他解决；该让他担心的时候，还是要让他担心……

不能你什么都扛着，最后把自己变成了他眼里的"女强人"。然后他就"放心"地把你抛弃了。

3

我的好友乔乔就是一个懂得让男人不放心的女人。

今年春天的一个周末，为了彻底放松自己，乔乔约我出门玩儿。乔乔还特意强调："这是我们两个人的约会啊，一定要把孩子交给你老公啊。不然我不带你出去。"

其实所谓的放松，就是乔乔开车把我带到了一个风景秀丽的度假山庄。

我们两个人，出去散散步，然后就躺在酒店的大床上聊天。

散步的时候，乔乔特意让我给她拍了几张风情万种的照片，说她要发朋友圈。

结果，她发了朋友圈，我却没有看到。

我好奇地问乔乔，难道她没有发？结果乔乔说："我发了，但是只是对我老公一个人可见。"

我脑海里满是问号："为什么啊？"

乔乔说："我想告诉他，不仅仅是男人需要应酬，出门，我们女人一样需要啊。并且，我虽然是孩子他妈了，但是我依然青春貌美，对异性有吸引力啊。就是要让他不放心，这样的话，他才会更在乎我。不然的话，一点儿新鲜劲儿都没有。我肯定会变成他眼里的黄脸婆。我才不要呢。"

这番理论，虽然绕了点儿，但是听上去还不错。我正要夸奖乔乔有大智慧。结果她老公的电话，就打来了。

乔乔对我做了一个"嘘"的手势，我乖乖地扭头看风景。

4

好不容易，乔乔的电话打完了。

我说："你现在可以啊，御夫术不错，我得学着点儿。"

乔乔说："我这也是从我妈的婚姻中受到的启发。你看我妈吧，一辈子，把我爸当作她的天，什么都为我爸考虑，什么好东西都留给我爸，结果我爸天天发脾气，把我妈当作出气筒。所以那时候，我就发誓，我不要像我妈那样，我的人生要有无限种可能。我的婚姻，我要花点儿心思经营，让自己过得更舒服。"

的确，我们母亲那一辈，很多人都比较传统，做了一辈子好妻子、好妈妈，却也将自己禁锢了。

她们对婚姻和家庭尽心尽力地付出，无怨无悔，却让男人看不到她们的付出和辛苦，最后男人不把她们当回事儿。

好在时代在变化，现在的我们，拥有了更多选择的机会，也拥有了更多的智慧。

有句话说："不在任何事物面前失去自我，哪怕是教条，哪怕是别人的目光，哪怕是爱情。"

女人一定不能太乖，太懂事，只有你坚持自我，时不时地让他不放心，让他对你提着心吊着胆，他反而会更加珍惜你。

经营婚姻，其实是一门很深的学问。不管何时，我们都要学习。

你让男人太放心的时候，就是他放弃你的时候。

Part

⑤

在时光里打磨闪烁的

人生

我们总要长大，有些路总要自己走。有些体会，总要自己去经历。这才是属于我们的人生。

　　就像那些萦绕在心头的妈妈的味道，总有一天，我们在想念的时候，学着去制作，这时候的我们，才是真正地长大了吧。

爱手洗衣服的
"恶习"

1

上周五六日三天，我连着三个晚上都在洗衣服。

洗衣服，你肯定说，多简单，直接丢洗衣机。

说实话，我家除了先生偶尔洗床单被罩的时候用洗衣机洗，其他时候，我肯定都要用手搓。

因为我爱搓衣服，好朋友把她家那落满灰尘的红色搓衣板送给了我。我很欢喜，还配了一个蓝色的大盆子。后来，蓝色的盆子被我洗坏了。

没关系，我家还有两个大的盆子，一个红色的，一个绿色的。所以我继续用手搓。

今天我想了想，其实每周我用在搓衣服上面的时间，大概有一个半小时。

而这段时间，是属于我的比较安静的好时光。偶尔先生有空，我搓，他清，然后扔到洗衣机脱水。最近他忙，从搓洗到清洗，都是我自己完成的。

我坐在我的蓝色小凳子上，手眼不停，内心宁静。有时候会开着手机听听书，有时候边干活儿边关照自己的内心，和自己对话。

甚至会构思文章，也可能在想一些生活琐事，可能突然之间会想到处理办法。

对于我这种上下班在公交车上都呼呼大睡的人来说，这点儿时间太美好了。

因为爱手洗衣服，所以只要我去超市，一般都会买点儿肥皂，茉莉花香味儿的。洗出来的衣服，晒晒阳光，也是香喷喷的，穿着也觉得舒服。

2

有时候想想，我为什么这么爱手洗衣服呢？

可能真的和小时候的成长经历有关。小时候，爸妈都很忙，没时间管我。所以只要我放假在家，一大三顿饭都是我做，家务也是我做。

一般吃完早饭，父母继续下地干活儿，我就在家开始洗衣服了。最开始是在家门的堰塘里面，那里有一块青色的大石板。在上面，用棒槌捶衣服，觉得特别有意思。

那块青石板所在的位置极佳。上面有很大一蓬野蔷薇，不知道长了多少年了，层层密密的刺，到了五月，芳香四溢。

很多时候，一大早起床就听见蜜蜂在上面嗡嗡的采蜜声。空气中弥漫着浓郁的花香，深吸一口，好舒服。

所以花开时节在野蔷薇丛下面洗衣服是一种享受，花瓣不断地飘落在水里，我有时候甚至感觉水都是香甜的。

蔷薇的旁边还有一棵杏树，夏天的时候，坐在青石板上洗衣服，有时候能听见熟透的杏子落水的声音，可能是被小鸟啄掉的。看得着，吃不着，真是馋啊。

因为野蔷薇已经把杏树给缠上了，所以我们上不了树。

不过能在树下洗衣服，是一种享受。头顶是浓密的树荫，我就喜欢在洗衣服的时候把脚伸进水里，有时候还有小鱼和小虾咬脚，痒痒的，很有意思。

只是不知道何时，堰塘慢慢干枯，周围的树木很多都死掉了，野蔷薇开花的时候，我很少有机会回去，所以都不怎么留意了。

现在那里早就被竹子掩盖了，时光就隐藏在这片竹子的悄然生长中吧。以前竹林还离堰塘很远很远，现在竹林马上要把堰塘围起来了。

青石板也不知道去了哪里，好像洗衣服都成了儿时的梦。

3

后来不知道何时开始用井水洗衣服，我爹为了方便取水，就把我家屋后的那口很古老的井给封了，用电抽水抽上来。

之后我就在家里洗衣服。包括后来有了自来水，也一样是在家里洗衣服。

在家洗衣服也挺好，坐在樱桃树下。樱桃树好大好大，花开得好多好多，结了很多果实。

只是，我们却吃不到，都被小鸟给吃掉了。为此，我爹甚至拿渔网把树罩起来，但是鸟儿依然有办法吃到。

没有青石板，只能用手搓衣服，棒槌也用不了了。搓衣板最开始是木头的，后来不知道什么时候，我妈给换成了塑料的。

这时候，我已经不怎么常在家了，每年回去的时间有限。

4

离家漂泊的时候，从武汉到广州到北京又到武汉，没有自己的房子的时候，都是跟人合租的。

合租的人太多，所以我从来不用洗衣机洗衣服。

我亲眼看到过有男生用洗衣机洗鞋子、内裤，那种感觉，真的是一言难尽。所以我就不用了。

后来一直手洗，一直手洗，走南闯北的，习惯一直在延续。

直到我最终回到武汉，家里有了洗衣机，但是女儿出生了，衣服依然要手洗。

到了现在，手洗好像就是一种感情寄托吧。

我用最复杂的方式，在怀念我的童年、少年，还有青春。

不一样的年代，一样的手洗。岁月的痕迹斑斑驳驳，但是习惯这东西，有时候就像是根深蒂固地长在人的意识里面，很难改变。

幸好，我也没有觉得有什么不好。尤其是现在，在搓洗衣服的时候，更觉得是一种享受。虽然手累，但是脑袋是放空的。

对于成年人来说，生活里面塞满了鸡毛蒜皮的事情，这是多么难得的时光啊！

这样想想，这种手洗衣服的"恶习"也挺好的，所以我就继续保持吧！

当你学会了做妈妈味道的菜，
你才会明白她的爱

1

朋友晶晶在朋友圈晒出了几张图片，里面有香肠，还有腊肉、腊鱼，甚至还有几个苹果。

配文说："这就是妈妈的爱！我爸一再说，多邮寄几个苹果多出来的钱，就足够我去买苹果了，我妈还是坚持要寄给我。"

晶晶大学毕业后，随着男友一起去了北方。当时她的父母是反对的，不想她离家那么远，怕她受委屈，怕她吃不惯那边的饭菜，怕她和公婆处理不好关系。但晶晶还是吃了秤砣铁了心，不顾一切地嫁了。

之后，妈妈的一颗心也随着她去了北方。

每年冬天，妈妈就会给她快递腊肠和腊鱼、腊肉，因为她知道女儿喜欢吃家乡的这些食物，而他乡没有。那几个在我们看起来不值钱的苹果，也是她妈妈对她的爱。

我们远离父母，他们生怕我们吃不好、穿不暖，更觉得水果太贵，怕我们舍不得花钱买来吃。

这就是父母的心意。

我感动的同时，不忘给晶晶评论，说她是幸福的孩子。

只是我的评论发了没有多久，我就看到了我和晶晶共同的朋友——小文的评论。

小文写的是："你不知道，我有多羡慕你！"

2

小文也是我们的高中同学，大学毕业后也嫁去了北方。

别人不理解她这句话的意思，但是我理解。

小文的母亲在她很小的时候，就不在了，父亲前几年也不在了。老家就她哥哥一家了。所以这些年，她都没有回来过。

想到小文的不容易，我主动去找她聊天，说："亲爱的，给我一个地址吧，我给你寄点儿我腌的腊鱼、腊肉吧，还有香肠，都是你最爱吃的。我的手艺也很棒的，是我自己做的，你尝尝啊！"

小文一开始发来一个不可置信的表情，然后说："你是不是在骗我？以前可都是阿姨做好了，给你准备着，你什么时候学会了？我不信！"

我说："不骗你,我真的学会了,经过多次试验后,味道比我妈做的还好。"怕她不信,我还专门去我家的小阳台拍了我挂的那一长串肉的照片给她看。

小文随后给我发来了一个流口水的照片。我说："这下你相信了吧,地址赶紧给我!"

小文给我地址后,感慨地说:"有你真好。你知道的,我妈很早就不在了,我也想念家乡的味道,但是家里现在是哥嫂当家,我无法对我嫂子开口。"

我说:"能理解的,你现在不是有我了嘛!"

小文接下来像是一个好奇宝宝一样问我是怎么学会的,因为以前我可是甩手掌柜,一心等吃的啊。

3

我像是炫耀一样告诉她,我现在不仅会腌肉,还会做她最爱吃的炸红薯丸子。

这下小文彻底服了,赶紧问我做法。

我耐心地告诉她步骤,最后她感慨地说:"你真是能干!完全让我刮目相看!"

我说那是啊！

说完，其实我心里也是忍不住的心酸，继而又是开心。

心酸的是，我制作这些美食的过程中，知道了我妈妈的不容易。

开心的是，我从前两年开始，终于把这些都一点点学会了，再也不用麻烦我妈了。她也不用担心，到了冬天，我想吃都没得吃。

更不会像别的妈妈那样，深更半夜爬起来指导自己远在大洋彼岸的孩子做番茄炒蛋。

我会了，这项本领就是我自己的了。以后我还可以教给我女儿，还能指点一下她，让她记得这是妈妈的味道。

当然这种妈妈的味道，来自她的外婆，也就是我妈妈，而我妈妈是跟我外婆学的。

一代代，这种美味，就是这么传承下来的，爱也是这么传承下来的。

4

记得怀孕那年，我在北京，没有什么胃口。那年冬天，我特别想吃家乡的腊鱼、腊肉，还有香肠。

每次想着想着口水就要流下来，心里像是小猫抓一样痒痒。

挣扎了很久，我选择了给我妈妈打电话。

我妈第二天一大早，就让我爸骑着摩托车带着她去了集市上，精心挑选了我爱吃的草鱼还有肉，带回去，然后开始腌制。

差不多过了快一个月，肉快要风干的时候，我妈带着肉去了城里，让我姑姑帮忙寄了过来。

那个春节，我们在北京，没有回家。虽然孕妇要少吃这些东西，我忍不住，还是吃了不少。

每次吃的时候，我都觉得自己特别幸福，因为那是妈妈的味道啊！

也是那时候，我发誓，有一天，我要自己学着做这些东西。

自己会做，我妈妈肯定也放心一些。

5

所以回武汉的第一年冬天，我就开始学着制作腊味。

腌制香肠，比较好办，超市和菜市场，都有加工的，可以不用自己动手。但是腌制腊鱼和腊肉，还得自己动手。

我给我妈妈打了电话，让她告诉我具体的制作方法。她在电话那端指导，我在这头按照她的方法操作。

好在，我还不算太笨，有点儿厨艺天分。过了一段时间，我腌制的腊肉端上桌，它们是很美味的食物。

我知道自己成功了。以后对妈妈的依赖可以少一些，其实这也是为了让她更放心。

最起码，我想吃，自己随时可以制作。她不担心我委屈自己。

今年，我把在腌制上面的一些新的心得传授给了我妈妈。

我知道她年纪大了，我怕她操劳，没有让她帮我准备那些腊味，而是告诉她，我会做了，我想吃，自己弄。

妈妈听了很开心，又有点儿失落，还回忆了当年我姥姥教她制作腊味的一些往事。

隔着遥远的时光，我能够想到，年轻时候的妈妈向自己妈妈取经的场景。

心里暖暖的，眼睛总有泪水想流出来。

6

著名美食家蔡澜先生说过："世界上最极致的口味永远是妈妈的味道。"

年少的时候，我们不理解这句话的意思，那时候的我们一心想要脱离父母身边。

等到成年，尤其是人到中年以后，我们有了自己的小家，有了孩子，有了自己的生活，这时候才开始明白妈妈对我们的爱，心里也开始明白妈妈的味道对我们的重要性。

　　只是，我们总要长大，有些路总要自己走。有些体会，总要自己去经历。这才是属于我们的人生。

　　就像那些萦绕在心头的妈妈的味道，总有一天，我们在想念的时候，学着去制作，这时候的我们，才是真正地长大了吧。

必须借钱时，
你第一个想到的会是谁？

1

上周，一个好友决定换房子。

她现在住的是小两居，孩子长大了，要分房睡。家里来了客人，就没地方住。

以前我们买房子的时候，都是量力而行，没有考虑那么长远。等有了孩子，才猛然发现，房子不够住，不是学区房。估计很多新手，都会遇到这样的问题。

所以就想着换房子。好友换房子，只是想要一个大点儿的居住空间，不然每天下班回家，看到到处都是乱放的东西，心情就会很糟。

我很理解她，所以支持她换。虽然换了之后，他们每个月就要承担差不多是现在四倍的房贷。

压力有点儿大，但是我对好友说，也许有一天，现在的困难都不是困难。

这个困难，指的就是钱。

2

和好友聊完，我就想到了关于钱的很多事儿，其中有一件就是借钱。

我的人生中有两次借钱的经历，是指要借大钱，是那时候的自己承受不起的。并且两次都是因为买房子。

提到借钱，就得先去想想问谁借。

有些朋友或者亲戚可能确实很有钱，但是人家未必愿意借。更何况自己心里也会掂量一下，到底要找谁借。

并且这个人现在的经济状况、家庭状况，也是我们要考虑的。

假如一个男人是个妻管严，哪怕你们关系再好，可能他不掌握经济大权，所以你不能找他借。就算他有钱，你也未必好张口。因为一旦张口，像我这种考虑的比较多的，就会想，会不会引起别人的家庭矛盾？

我见过太多的夫妻因为借钱吵架。丈夫借了，妻子嫌他借多了；或者妻子认为他不该借。这些都是问题。

一旦这样吵架，也挺没意思的。我是女人，我知道女人心里的那点儿小九九。所以我不想因为借钱，让人家庭失和。

第一次买房子借钱的时候，我不记得到底还缺多少钱，反正我正怀着孕，让先生回武汉看房子。

那时候我们都在北京，工资其实非常低。一年到头，也存不了多少钱。有了孩子，我就不愿意还带着孩子在北京租房子。

等先生回来，人家总共就看了两处楼盘，匆匆忙忙就交了定金。

定金交了之后，我们手里的钱还不够付首付，两边父母都指望不上，只能自己借。我先是扒拉了一圈亲戚，只能去找我小姑了。因为她家的条件相对来说最好，也没啥负担。

我小姑爽快地借给我两万。其他的同学吧，能想到的，人家都刚买了房，手里都没钱，所以只能作罢。最后缺的钱，是先生问他的两个朋友借的。

只是这次借的钱，我们拉了很长的战线才还完。因为中间装修，养孩子，我们一直都不宽裕。好在我小姑不缺钱，朋友们也不着急。但是我心里着急啊。

到了这里，第一次正儿八经地借钱基本上就完结了。数额不算太大，总体还比较顺利。

3

第二次借钱，还是为了房子。

因为我一直想要一间书房，纠结了很久，卖掉小的，换大的，还是在同一个小区。

卖掉房子签完合同的时候，我瞬间有种无所依托的感觉。

接着赶紧去看想要的大房子，看房子看得想哭，因为合意的太少。最后好在运气还不错，十天之内，有了目标，顺利出手。

然而，拖了四个月，才办完手续。因为我们手里没那么多钱交首付，就等着银行放贷。

别人的贷款不下来，钱就到不了我们的账户上。想来想去，唯有先借钱补漏洞，只是这个数目对我们来说不是一般的大。

找谁借呢？我盘点了下身边的朋友，不是二胎就是二房，谁也不会把人家的钱留在手里，谁手头儿都不是太宽裕。

最后我只想到了两个可以让我安心张口的人，其他人我都不好意思开口，虽然我知道有些人手里有点儿钱。

一个是大刘，因为以往我手头紧的时候，也从他那里借过钱，其实也只是周转，很快就还了。

大刘那时候还没有女朋友，单身一人，只是他刚做生意亏了，能帮我的非常有限。

还有一个闺蜜，是我能放心开口的。闺蜜手里没钱，但是她家小叔子，刚好放在她手里几万块钱，让她帮忙保管。加上她知道我不会轻易找人借钱，所以闺蜜就把这笔钱先给我用了。

最后还缺 20 多万，想来想去，想到了小额贷款，但是我们的条件又不是太符合。

中间为了让银行早点儿给买我们房子的人放款，我们还找了中介，具体给了多少钱，我忘记了。但是也没啥进展。

最后还是帮我们处理房子的中介，拿出了他手里的钱帮了我们一把。但是人家也不会做亏本生意啊，他收利息啊。

那段日子，真的是做梦都有钱砸我头上，内心憔悴不堪。

但是梦没有降临。过了元旦不久，先生有一天查看银行账户，无意间看到，原来银行的放款早在一周前就到账了，我们后知后觉，竟然没发现。

这里面可能当初找的中介也起了作用吧。这样我们可以省下不少利息钱，这算是比较开心的事儿了。

4

有时候想想，遇到大事儿，真的必须借钱的时候，让你想到 TA，就能轻松地把"借钱"两个字说出口的人，并不多。

其实朋友在我们心里也是有量度的。有些人，我们向他们提借钱很坦然；有些人，我们真的是怎么都张不开口。

除了他们本身的经济原因之外，最重要的是我们心理上的那种感觉吧。有时候不为别的，就是一种感觉，有些人你可以啥都说，有些人却让你有着几分犹豫。

时间久了，可能你和那些让你放心交流的朋友，未必联系得多。尤其是像我现在人到中年，自己一摊子事儿，孩子家庭，每样都要操心，和很多朋友，都是朋友圈点个赞的关系。

但是真正让我安心的那几个人，可能有了困难，我还是首先会去找他们。只是很多时候，能说出来的烦恼都不是烦恼了。和年少时候的我们不同。现在好像都是有事儿说事儿，没事儿，联系并不频繁。但是并不代表疏远吧。

说真的，如果看完我的题目，你能在脑海中迅速想起来那么几个可以安心借钱的人，也是一种幸福，应该好好珍惜。

当妈之后，
你要允许自己自私一点儿

1

收到琳琳和我约饭的消息，我觉得她一定是忽悠我的。因为琳琳在千里之外的大连，而我在武汉。

见我不相信，琳琳的电话紧接着追了过来。

"亲爱的，我真的在武汉啊，你没有看到我朋友圈发的是东湖的樱花？"

我还真的没有留意，赶紧去翻看琳琳的朋友圈，果然是的。

我问这个刚生完二宝不久的女人，怎么悄无声息地就回来了，不是应该在陪娃吗？

琳琳一个劲儿地笑，说见面说。

果然见面她更让我惊喜。前些年，琳琳经常和我说要回母校来看看，来找我吃武昌鱼。可是我们毕业十多年了，我是第一次见她。

母校的梧桐刚刚展露新芽，我问琳琳怎么这次舍得说走就走。

她沉默了很久，说："再不走，就要被逼疯了；两个孩子，我日夜焦虑，睡眠不好，你看看我黑眼圈有多重？"

在夜晚的灯光下，我虽然看不清她的黑眼圈，但是我能理解她的辛苦。

琳琳家的大宝4岁多，二宝3个多月，我带一个孩子都搞不定，可想而知她的艰辛。

我问："你真的想通了，出门不担心你家娃？"

琳琳说："说真的，我觉得当妈之后，我们要学得自私一点儿。唯有自私才是对自己好，如果你对自己都不好，何谈对孩子好，对老公好？"

见我不作声，琳琳继续说："我这样说，你是不是觉得我这个当妈的不着调，很自私，只顾着自己快活？"

我说："不是，因为我和你一样不着调，一样快活。"

说完，我们相视大笑。

2

而我在这笑声里，思绪也飘得很远。

记得有一年大年初六，我们一家人准备出去看电影。我想看《红海行动》，让先生陪娃去看《捉妖记》。

他很不开心，当时就说："你这个当妈的太自私了，天天只想着自己，为什么就不能陪着孩子一起看呢？"

我说："你难道不知道，我自私一点儿，对你们更好？今天我一个人去放空一下，我的心情肯定很好。我的心情好了，自然家庭氛围就和谐。为了咱们家的和谐，你就牺牲一下吧！"

后来，先生乖乖陪着孩子去看电影了。而我一个人在电影院，很轻松地接连看了两场我想看的电影。

很多人肯定会说，你这个妈妈真是自私啊！平时孩子都是你老公接送的，你就只顾着天天上班，休息日也不愿意陪陪孩子，只顾着自己享乐。

可是我想说，这样挺好的，我喜欢。

我是一个妈妈，但是我也是我自己啊。

大多数女人都是情绪化的，尤其是做了妈妈之后，工作生活还有各种烦琐的家务，忙得一塌糊涂，几乎没有了自我。

在这种情况下，女人很容易失控的。

如果能够自私一点儿，照顾好自己的情绪，对自己，对孩子，对家庭来说都是好事。

3

写到这里，想起来我的朋友小夏。

小夏从怀孕开始就辞职了，那时候是为了养胎。她老公的收入不错，家庭条件挺好的。

所以生完孩子，小夏一直没有回去上班。我经常在她的朋友圈看到她各种晒孩子。我以为她很幸福。

谁知道，去年年底的一天，我忙得晕头转向的时候，她突然在微信上问我有空没有，要和我聊聊。

听她语气低沉，我觉得她一定是遇到事情了，所以停下手头的工作，静静地听她说。

小夏说，她很不开心。虽然她老公已经升到单位的总监了，年薪不错，但是他们之间的交流越来越少了。

每天她老公回家都很晚，有时候加班，有时候应酬。

这次公司开年会，她老公的单位允许带家属。她兴致勃勃地去买了新衣服，做了头发和指甲，准备同他一起参加。

谁知道，她老公竟然对她说："你天天在家带孩子，什么都不会，你去干什么呢？"

后来她老公一个人去参加年会，小夏哭花了妆。

她不明白，原来那么爱她的男人，怎么变成了这样？

明明她为这个家的付出也不少，现在更是天天守着孩子，不比这个男人轻松。

4

我也不知道怎么安慰她，只是让她多出去走走，不要带孩子，适当地把孩子留给她老公照顾。

没想到，她说："留给他？就他？我不放心。自从孩子出生，他从来都没有陪他好好玩过，让他看孩子，不是玩手机，就是他自己睡着了，孩子磕着了怎么办？叫我怎么放心？"

我说："问题就在这里啊，你要尽量自私一点儿，看起来是自私，其实是为整个家庭好。不然，你老公永远不能体会到你的辛苦的。"

小夏还是啰啰唆唆，觉得我说得不对，说她是孩子的妈妈，怎么能那么自私，不带孩子呢？

她不明白的是，当妈的女人，只有自私点儿，有了自己的生活，或者花点儿心思在自己的生活上，才会让男人看到自己的变化，让男人愿意给自己更多的爱，婚姻才能更甜蜜。

而你的孩子，他并不需要你时刻守着他。你只要做好了你自己，就是他最好的榜样啊。

5

生活中，像小夏这样的女人很多。她们为了孩子，为了老公，为了家，付出了自己的青春，甚至牺牲了自己发展不错的工作，最后得到的却是被嫌弃。

她们不知道到底是哪里出了问题了。

其实，她们的无私就是问题。

我一直觉得，女人要对自己好一些。有自己的生活，有三五个知己，有自己的爱好。当你投入到自己的生活或者爱好中时，男人不自觉地也会被你的魅力吸引。

孩子呢，会觉得你这妈妈太了不起啦。他们也会更爱你。

这并不是说让女人做出丰功伟绩来，只要你能够调整好自己，对自己好点儿，多爱自己一些，很多你从来没有想过的东西，也许就这么来到了你的身边。

有时候，自私反而是好事情。

最怕的是，女人无私了，最后却让自己受委屈。

所以，我给每一个懂得"自私"的妈妈点赞！

怎样才能
让你的男人更像个男人

1

下了公交车，晚上7点整，今天算是回来得比较早的。给先生打电话，他带着小公主去买金鱼了，也正在回家的路上。

紧赶慢赶地准备回家做饭，却在进单元楼的门口，碰到了先生和小公主。公主拎着三条金鱼，小心翼翼地护着。见到我，开心地展示给我看。说哪条是我，哪条是她，哪条是她爹。

一路就这么温馨地回到家。我把包扔在沙发上，就开冰箱去拿菜出来。

先生在给公主削苹果。我让他快点儿弄完，过来洗菜，我好炒。

2

我把青菜洗好的时候，先生进了厨房。我让他帮着洗木耳和青椒，我赶紧去切姜和蒜。

弄好之后，我同时架起两个锅。对，忙碌的时候，我喜欢用两个锅同时炒菜，这样可以节约很多时间。

比如说左边一个锅炒青菜，右边的就炒肉或者煎鱼，同时进行。忙碌的时候，两个锅铲，我能同时操作。

说到买锅，我想起我说买第二口锅的情景，那时候，先生不同意。他觉得用不着，平时一般也没有什么人，就我们几个，炒不了几个菜。

第一次让我有再买一个锅的想法的人，是我弟媳妇。那时候我还没有现在这么忙，我弟媳妇带着小侄子过来过暑假，她天天帮忙做饭。我觉得一个锅，炒得好着急。

后来她回去之后，又过了一段时间，我又发现了这个问题。

有段时间，我婆婆住我家。她做饭，很简单。往往是左边的锅炒菜，右边的火上放个蒸锅，热馒头或者蒸馒头。她不会觉得锅少了。

但是我自己做饭的时候，就不行，我觉得一个锅好耽误时间。比如说，煎鱼需要等啊，等的时间多浪费啊，不如去另外一个锅把青菜炒了，多好。

当然，这些生活的琐碎，身为男人的先生难以体会到。但是我是女人啊，平时大多数时候，都是我在炒菜，肯定是我的感受最深。

添置了一口锅之后，我在炒菜的时候，可以发挥出最高的效率。当然，我也很享受，因为像我这种急性子的人，怎么能等呢？

比如今天晚上，回到家，都快7点半了，肯定是要赶一些。两口锅正好。

3

炒菜的时候，我就觉得时间很安静。小姑娘在客厅吃苹果、看电视，她最幸福。还时不时地跑过来偷吃。

我负责盯着锅里，先生在旁边根据我的要求打下手。

好像日子只有这样过才有点儿味道吧。

怎么说呢？

如果婆婆大人在，当然很好，我们都不用下厨，下班到家肯定有热饭吃。

但是她不在的时候，我们一样要过日子啊，本来这日子就是需要自己过的。

如果是我一个人在厨房里忙碌，又要洗菜、切菜，还要炒。我肯定会怨气满天。凭什么啊？

同样是上班的人，我的工作也不算轻松，我对家的贡献也不算少。如果这些活儿，都让我一个人弄，并且很赶，我的心里肯定是不是滋味的。

但是先生帮我就不一样。有人分担，我们效率自然就高一些，心理上也会觉得平衡。

假如我在厨房热火朝天地忙碌，他坐在沙发上看电视，或者刷手机，我肯定是揍人的心都有了。

书上说幸福的女人是被男人呵护、被宠爱的。怎样才算宠爱呢？

再美好的爱情也会消散在柴米油盐里。真正的宠爱和关心，还是藏在生活的细节里面。

不管是走亲戚，还是出门在外，我们可以留意一下身边的夫妻。如果男人主动抱着孩子，拉着箱子，或者拎着买的菜，女人的脸色就会好看很多。而不是一副苦大仇深的样子。

说到底，夫妻之间最终还是要成为亲人。亲人之间，哪里天天有那么多的情呀，爱呀的，多么不切实际。最终，还是要过日子。

可能我就是个俗人吧。适合这种俗气的烟火日子。

4

有些人可能会说，要是条件好点儿，你们完全可以请个钟点工来干这些琐碎的事儿，自己根本不用动手的啊。

这样确实也可以。但是我一直觉得，只有两个人齐心协力地去做一件事儿，才更像是夫妻，家才有点儿家的味道和样子。

比如说，婆婆在的时候，两个人可能在家务活儿上确实轻松很多。

但是在心理上也许就会有很多隔阂。

明明有些事情，你们是可以一起做的，但是婆婆心疼自己的儿子，要代劳。你就会心里不舒服，觉得她偏心。

有钟点工固然很好，但是很多事情都被别人做了，夫妻之间可能就会缺少很多温馨，缺少很多互动。

因为回到家，除了吃饭，你们可能更多的时间，是躺着各自玩手机。缺少共同分担家务的经历，在夫妻感情的培养上面，可能还是会差点儿。

为什么这么说呢？

因为只有一个男人真正地参与家务，参与养育孩子，他才能体会到女人的不容易，继而才会更加体贴。

如果他没有参与的机会，就会觉得自己能赚钱就是了不起的，自己对家庭的贡献很大。殊不知，女人做这些琐碎的家务，对家庭的贡献也不小。当然，有些女人除了做家务，在赚钱方面对家庭的贡献也很大。

说到底，夫妻之间要培养默契，要想让你老公真正地心疼你，想让他快速地成长起来，还是要培养他的家庭意识。

让他去做一个老公应该做的事情，去做一个爸爸应该做的事情，这样他的责任感才会更强。

当然，这些纯属于个人感悟。

今天，
我又想起了你

1

上班路上，看到堂弟在家族群发的消息，今天凌晨他的儿子出生了。就是说，我又多了一个小侄子。

看着胖乎乎的小家伙，群里一片欢呼声。

这样的好消息，真的是让人感到开心。只是开心完，我又有点儿伤感。我想的是，这么好的消息，要是我奶奶还在，该多好啊。她一定比我们都要开心。

只可惜，去年十月底我奶奶就去世了。

奶奶去世前一周，只能躺在那里，半边身子不能动，不能吃，只能每天给她喂点儿水，到最后，她整个人都瘦得脱了形。

那一周对于她来说，应该特别难熬。但是她还得强撑着。因为再过几天，就是我小堂弟的婚礼。我奶奶硬是撑着最后一口气，等他办完婚礼，第二天凌晨才走。

等把堂弟的喜事办完再走，这是她对最小、最疼爱的孙子的最好的成全。

2

我想，对于我奶奶的去世，最遗憾的两个人，应该是我和我小堂弟了。

我们两个一个最大，一个最小，都是我奶奶一手带大的。或者说，我奶奶把她最好的时光，都给了我们两个。

但是偏偏我奶奶去世前，我们都没有见到她。

堂弟是因为马上要办婚礼了，家里人不让他回去。我是因为那一周都有课，每天都有课，没法儿分身回去。我原本的打算，是上完那一周的最后一堂课，立即回去。

只是还没等我买票，那天凌晨我奶奶就走了。

虽然我国庆节回去见过她，给了她一些钱，而且这次是我这些年给的最多的一次。我不知道那时候的自己，是不是已经预感到了，那是我最后能孝敬她的一次机会。

我奶奶最爱钱。她的吃穿，都是我姑姑们操心的，所以我只给她钱。给钱，代表着我对她的爱。

回去的路上太赶了，我都忘记给奶奶买花圈了，只能下午去街上买。卖花圈的老板说，有最贵的，买的人不多，他们都放在收藏室。我说，我就要最贵、最好、最大的那个，不在乎价钱。

因为那是我能为奶奶花的最后一次钱，所以我不在乎。尽管奶奶看不到，但是对我而言，那是我的一片心意。虽然可能有些迟。

3

奶奶是周六凌晨走的，正好是周末，很多亲戚都来送她。有个远房姑姑说，奶奶为我们考虑得很好。一点儿也不耽误，因为周日上午送完她，我们就各自返程去上班。

临走的时候，我对着她的灵牌拜了又拜，眼泪怎么也忍不住。临上车的时候，看着大门口再也没有她，还是忍不住地难过。以往返程的时候，她都是站在门口目送我的。

回来之后，工作和生活都很忙，我想起她的间隙，很多时候，是在走路的时候，和睡觉之前。

有一次，我给我小姑姑打电话，问她有没有梦到奶奶，我说我一直梦不到。我姑姑说，她经常梦到我奶奶，奶奶告诉她，她舍不得走。

很遗憾，可能是因为我没有见到奶奶最后一面，她生气了，所以到现在都没有来我的梦里。

奔丧回去的时候，我进屋给奶奶磕头，我两个姑姑都哭着说我回来了，让我奶奶好好看看我。

小姑姑告诉我，奶奶咽气之前，眼睛四处看。我小姑姑问她是不是在找我，她恨恨地用她还能动的那只手捶被子。

只是我最终还是没有见到她最后一面，这成了我这辈子的遗憾。

正因为如此，这件事也成了我这辈子的心结。

这个心结，我也不知道什么时候能解除。

4

记得去年武汉下雪的时候，我家豆公主突然问："我太姥姥在的天堂，不知道下雪没有？"

我说我们也不知道，只告诉她，她太姥姥在天堂应该过得更开心。说完，自己忍不住心酸。

豆公主对我奶奶记忆深刻，每次回去，她和小侄女都喜欢去找我奶奶玩儿。

只是之后再也见不到了，豆公主的思念应该不会像我这样深刻。

因为我从小是跟着我奶奶长大的，从小她喂我吃饭，带我出去玩儿，给我买好吃的、好玩儿的，还有好看的衣服。

小时候，我一直跟着她睡，每天晚上我都会缠着她给我讲好听的故事。她还会把姑姑们孝敬她的好吃的藏在米缸里面，偷偷拿出来给我吃。

只是这些年，我离家太久，回去的时间越来越少，越来越短，都没有和她好好说说话。每次回去，都赶得像是打仗，只能和她简单地聊几句。

我常常想，我奶奶应该是孤单的。她一个人在乡下，乡下现在都没有什么人了。她也不爱看电视，所以整天的状态就是一个人待着。有时候想想，就心疼她。

只是我们都是心有余而力不足。

她去世前，在养老院住了一段时间，但很不适应。去年"五一"，我回去看她。虽然养老院生活条件比她在乡下好，有人照顾她，但是她还是不喜欢。

我想是因为她已经习惯了生活在乡下，毕竟对于她来说，乡下更自在。她厨艺不错，喜欢给自己做各种好吃的。我小时候，最喜欢吃她做的饭。

我会的很多技能，比如包饺子、包包子、炒菜，都是她教会我的。也许是受她的影响，我一开始炒菜，就炒得还不错。

只是这辈子，很多事情没有永远，有些人失去了，就是失去了。他们再也不会回来了。

虽然我奶奶回不来了，但是我会想她。有时候我会在心底偷偷地想。

我就是个
粗糙的女汉子

1

不知道从什么时候起，我养成了一个习惯。

这个习惯，我不知道是好还是坏。

每次集中忙完一段时间后，我就想买点儿什么。买点儿什么都好，反正能让自己觉得忙得有价值，忙得心情舒畅就好。也是为后面再次来临的忙碌做准备。

前两天，我又忙完了。每次忙完的那一刻，神经放松，我就觉得自己要散架，只想躺着睡觉，要么就是用购物来补偿自己。

这么忙，又懒惰，我很多年都没有逛过街了，某宝就是我最好的选择。里面什么都有，喜欢什么，就可以随便买买买。

我看了半天，想想我天天把自己整得清汤挂面的，生活也没有多少乐趣，算了，还是不买了。不买吧，又不甘心。主要是我肥，很多喜欢的衣服，我穿不了，也觉得没劲。

可能是为了弥补内心的空洞，每当这时候，我家公主就有福气了。虽然我不能穿，但我家有个公主啊，公主可以每天打扮得美美的，反正她也爱美。

我一个冲动，给她买了一套民国风的春装套装；再一个冲动，又给她表妹，也就是我小侄女，也买了一套。虽然我穿不上，这些对我来说也不实用，但是最起码，我家还有两个能穿的。

之前我也说过，女人要时刻记得奖励自己，这样，还能给自己找点儿乐子。目前的情况就是我奖励不了自己，都沦为奖励娃了。

所以我家娃走到哪里，都是一道亮丽的风景线。她有很多漂亮的裙子，都不贵，并且都不是品牌的。我也没有那么多讲究，只要好看就好。孩子的审美需要从小培养，我也希望她不要像我，不要压抑自己的喜好。

2

每次出门，看到打扮得时尚的女孩子，我还是愿意多看几眼的。爱美之心，人皆有之嘛。

但是现在这样的时候，也很少。为什么呢？

因为上下班的公交上，我基本上都在睡觉。上班路上一般在补眠，因为我晚睡早起；下班路上，我只想眯会儿，因为白天对着电脑，工作了一天。

所以想想，我应该错过了很多看美女的机会。特别是武汉，高校特别多，我回家的那条线上，有好几所学校。这些小姑娘都是最美的年纪，打扮得那叫一个漂亮。

不过对我来说，往往也就只能惊艳我那么两秒钟。第三秒，我就闭目养神去了。

有时候想想，我真的是活成了粗糙的女汉子。不懂得保养自己，按理说我也是中年人了。

别人都是高跟鞋、牛皮鞋，我好像驾驭不了高跟鞋，只要穿着，就觉得各种不舒服，还会摔跤。

现在我就是运动鞋、板鞋，怎么舒服怎么来。毕竟脚舒不舒服，只有自己知道。对于为了美，把脚磨破，或者让自己摔跤的事情，我不干。

或许20多岁的时候，我还愿意这样，但是现在这个年纪，我只想舒服一些。因为自己感觉好了，就是最好的。别人的目光，对于我而言，已经不重要了，或者说我已经能够做到完全无视。

3

有时候想想，我真的是比汉子还汉子。

这几年越发活得封闭，有时候觉得自己像是一座孤岛。二十几岁的时候，我对逛街就没有兴趣，现在更是没有兴趣。

现在甚至逛个超市，买点儿日常用品，我都不想出门。和别的勤快的家庭主妇相比，我真是懒得没救了吧。

就算偶尔去超市，我的模式是提前写好清单，对着清单买东西。中途可能会看到一点儿需要的，直接装进购物车。和那些精挑细选的人不同，我就希望速战速决。

记得几年前，陪一个同事逛超市，她真的是很会精打细算。到什么程度呢？

就是买一卷垃圾袋，她能货比几家，分别计算出每一个垃圾袋的价格。这个功力，我真的好佩服，同时也羡慕，因为我做不来。我一般都是看上了直接拿着走。

什么是我所谓的"看上"呢？就是差不多就好，也不比较，喜欢的直接拿。这跟男人买东西，估计没两样吧。

我特别羡慕妈妈群里，很多妈妈天天发各种优惠券，拼团或者是打折的消息。

因为好像我这个马大哈，买东西，从来不会看满减。那天和同事同时买一样东西，她们两个都说可以减三块钱。我像是傻子一样，表示不知道。我是真的没有留意，因为在首页。

至于拼团，或者其他打折啊，我也不怎么留意。有时候想想，可能我是真的没有时间。有那么一点儿空闲时间，我都想躺着追剧，或者看会儿书什么的。

因为我的心思根本就不在这方面。

去年我们搬家，我爹过来了几天。对于我的买菜风格，我爹吐了很多次槽。

因为我只要想买哪个菜，基本上不怎么挑选，上去拿了就去称。我爹觉得我怎么这样啊，不是都要选一下的吗？我都不好意思告诉他，这是我的风格啊。

不知道是不是因为我懒得比较，也不怎么关心，买回来的东西，满意度反而是非常高的。估计是我的要求比较低，所以马马虎虎，差不多就好。

4

再来说说"逛街"这件事。

可能是从小没有被我妈培养逛街的习惯，一直在乡下，后来就算我上了大学，出去工作，一样对逛街没有好感。

最开始的时候，我还能拿着清单去逛街，基本上，逛两家店，看到差不多的衣服直接就买了。

后来可以上网买东西，就都在网上解决了。

武汉这边比较堵，逛街的地方都靠近中心，我这个住在村里的人，对于进城更是没有什么兴趣。

以前女儿小的时候，周末我们还和朋友约着一起出去，吃吃饭，陪娃去游乐场玩会儿。

这两年娃们都长大了，朋友都相继走出家门，去工作了。我们聚在一起的时候，真的好少好少。

想想有一年，我们办了年卡，去武汉的很多地方玩儿。现在也不想念，反正去哪里人都多，我也是意兴阑珊。

女儿去年进了舞蹈班，然后又是画画儿班，基本上，她的周六都在这些班了。我们要负责接送她，陪着她一起听课，忙得饭都没有时间做。

周日呢，我有时候还要加班。忙不过来的时候，只能求助我弟，让他帮我们带公主出去玩儿。

逛街什么的，大概就是一个梦了。最多，还是老规矩，列完清单，直接去超市买。

有很多时候，我是列完清单，让女儿和她爹去买。

想想自己都觉得不可思议。

这大概也是我喜欢观察花花草草的原因吧。生活本身，对于我来说，就是这么平淡。只能向外欣赏下风景，给生活增加点儿颜色。

但是不管怎么样，自己喜欢的，就是最好的。

自己为之投入的，肯定也会有收获！

每个人的生活方式和爱好都不一样，所以没有可比性。

不过，看过我，你悄悄和我这个粗糙的女汉子比较一下，是不是你的幸福指数又提高了不少呢?

如果是，那就恭喜啦!